U0308557

灵魂的场所

李清志——著

Architectures of the Soul

九州出版社
JIUZHOUPRESS

现代生活把人与人联结得紧密了，

无所不能的网络通讯把个人隐私压缩到最低的限度，

但有更多的时候你需要一个人的空间。

那个空间引领你阅读、漫步、沉思，面对人生真正的课题，

关于自由、信仰、孤独、欲望、死亡，

我们该如何在这样的世界里独处？

从人与空间的十五个故事说起。

Architectures of the Soul

目 录 / Contents

前言

我们活在一个信息充沛多元，却又繁杂混乱的世代。所有信息借着因特网、手机、平板计算机，入侵我们的日常生活，并且试图操控占据我们所有的目光、时间与生命。这种入侵行动并不是用暴力的方式进行，而是以一种几近豢养的方式缓慢呈现，以至于我们不知道要抗拒，慢慢地就沉溺在许许多多垃圾讯息之中，让这些讯息充斥在我们的生命里。

我们甚至忙碌地制造讯息，彼此喂养，似乎这许多讯息可以丰富我们的生活，让我们的生命感到喜乐满足；但是真实的情况并不是如此，过多的网络讯息、社群链接并未带给我们丰富满足的内心，反倒让我们的灵魂枯干、焦躁，失去安静的力量。最可怕的是，我们已经失去了独处的能力，不敢面对孤独，只能不断地追求各种虚浮的事物。

身为建筑研究学者，我发现建筑对人们心灵有极大的影响。可惜的是，这些年来，我们比较强调所谓的永续建筑、绿建筑，以及建筑工程的技术面，鲜少谈论建筑对于心灵的影响。因此这些日子以来，我除了旅行寻找影响心灵的建筑空间之外，也开始在这些建筑空间中，体会孤独的况味。

孤独是迷人的

我一度很着迷美国女诗人艾米莉·狄金森（Emily Dickinson，1830 ~ 1886）的诗句。她是一位孤独的诗人，有些人甚至称她是“自闭症诗人”。她十分恋家，终生独身未嫁，住在马萨诸塞州的家中，不常出外旅行，但是她的诗句却向我们分享了关于永恒、自然、爱与死亡的哲学，令人十分惊艳。她与惠特曼（Walt Whitman，1819 ~ 1892）被认为是美国文学史上两颗明亮的双子星。

我们总以为孤独是贫乏苍白的，我们以为孤独是有害生命灵魂的，但是在艾米莉的诗句中，却向我们呈现了一个细腻、美好与歌颂的世界。艾米莉不仅写诗，她同时也是很好的厨娘，她做面包、甜点，甚至冰淇淋；她也是很棒的手工艺达人，喜欢制作压花作品。

写诗对于艾米莉而言，是孤独人生的救赎！她曾描述说：“晚餐后我躲进诗里，它是苦闷时刻的救赎。一旦完成一首诗，我觉得放下了一个负担。晚上诗句常会吵醒我，韵脚在我的脑中走动着，文字占领了我的心。接着我就能明了世界所不知道的，那是爱的另一个名字。”

料理制作甜点也是她孤独人生的疗愈方式，她曾说：“对于一个受创的身体或灵魂，吃点糖可能会有所帮助。巧克力与奶油对舌头很有吸引力。同样的，字句加热沸腾也会有甜美的口感。”对于热爱甜点咖啡的我而言，艾米莉这段话让我犹如找到知音。

艾米莉的生命诗篇让我们看到，其实孤独并不可怕，不懂得享受孤独才是生命的损失。孤独让我们看到生命细腻的部分，也让我们认真思考生命的本质。

写作就是独处，作家都是孤岛

我喜欢写作，其中很大的原因是：我享受写作过程中的孤独世界。当我进入写作的世界里，没有人可以干扰我，没有人可以在其中要我配合他、注意他，我可以自由自在地享受一个人世界的美妙；所以曾经有一段时间，我深深感觉，可以一个人坐在咖啡店里写文章，就是我人生最大的幸福！

虽然我的写作地点可能是在嘈杂的咖啡店、疾驶的火车，抑或是公园水池边，但是当我进入写作的世界，周遭事物就无法干扰我，我等于处于一种孤独的状态。每一个作家都会有这种经验，就是在写作中的孤独感与幸福感；每个作家都像是在一座孤岛上，各自创造建构自己的王国，没有人可以协助或分享，直到作品终于完成。

咖啡馆就是我的修道院，我喜欢早晨来到我最喜欢的咖啡馆，在明亮的光线下，坐在我习惯坐的位置，服务生知道我会先点一杯 Flat White 咖啡，那是一种每天进行的生活仪式，同时也是我跟咖啡馆的默契。

在啜饮 Flat White 咖啡中的双倍 Espresso 之后，我就开始着手写作。早晨的咖啡馆人并不多，我喜欢这种孤独的感觉。有如置身在修道院一般，孤寂、安静、平稳。或许这个时刻是我内心最平静，也最清醒，最接近上帝的时刻吧！咖啡馆果真是我的修道院啊！

在咖啡馆的写作当中，我也似乎进行着我的“一个人的旅行”，孤独地走遍世界各个城市街巷，飞过沙漠与海洋，进入每个经典或前卫的地标建筑里。好的咖啡馆老板懂得作家的孤独喜好，他们永远不会随便干扰作家的孤独状态，不过他们会察言观色，适时地添加水杯里的水，或帮你收拾桌上的混乱空盘，好让你继续进行“一个人的旅行”。

听见内心微小的声音

今年我规划了一次旅行，将在暑假带着朋友们，前往南法里昂近郊，建筑大师柯比意（Le Corbusier）（也称柯布西耶）所设计的拉图雷特修道院（Couvent Sainte-Marie dela Tourette），入住其中，体验修道院简朴静默空间的魅力。拉图雷特修道院是柯比意最钟情的灵性空间，他曾经表示他人生的最后一夜，要在这座修道院度过。因此 1965 年他去世那天，人们便将他的遗体移至修道院停放一晚。

修道院的夜晚是孤寂的，虽然有许多修道士入住其间，但是彼此却不准交谈，所有人都必须遵守规定与纪律；住宿的房间十分简单，狭小的房间只有一张桌子、一张床，没有电视、收音机，或计算机等扰乱思绪的东西。修道院的清水混凝土墙面、简单朴实的早餐，让人联想到电影中监狱的画面，事实上，修道院与监狱具有某种相似性，唯一的差别在于，修道院内的修士追求的是内心的自由，监狱里的罪犯渴望的是肉体的自由。

现代都市人初次来到修道院，可能会因为没有网络、没有电视，甚至不能说话，感到慌张与焦躁。但是慢慢地，你会感到一种轻省，因为没有信息的干扰、没有混乱的装饰，只有单纯的房间、寂静的夜晚，然后你突然觉得可以听到许久未曾听到的，内心微小的声音。

简单生活的操练

我们的生活中，很需要有可以让自己独处安静的场所，让你的心灵可以沉淀下来，让自己可以看清楚自己的内心，并且与神对话。重要的是，去除生活中和心灵中不需要、不能用的对象，过个简单的生活。这对许多人而言，可能不是一件容易的事！

现代建筑大师密斯（Ludwig Mies van der Rohe），很早就提出极简主义的名言："Less is More"（少即是多）。这句话在过去当学生时很难领会，如今年纪渐长才慢慢了解。过去认为密斯所设计的极简主义玻璃屋，或是安藤忠雄设计的住吉长屋，根本不适合人居住，如今却觉得住在这种空间里，虽然在物质上可能东西很少，但却可能拥有更丰足的心灵。

台湾人长久习惯于喧嚣的生活美学，习惯于夸张吵闹的表现形式，因此许多事物的探讨流于浮面，很难有深刻的思虑。因此我们喜欢高跟鞋教堂，喜欢流行、装饰性强烈的事物，我们不甘寂寞、无法忍受孤寂，也不懂得去欣赏简约低调的设计风格。

写这本书，不只是要介绍建筑大师们的作品，更重要的是，跟读者们分享我所体验的心灵建筑，那些让我灵魂沉淀安定的场所。一方面希望借着这样的分享，读者们可以开始去欣赏孤独寂静的建筑美学；另一方面，也一起来学习过着在物质上简单，但是心灵却富足的生活。

这本书的出版，一波三折，充满意外，感谢大块汤皓全及编辑们的坚持与努力。人生不也是如此，总是充满着混乱与不安，重要的是，我们必须在其中找到让自己心灵沉静的所在。

（此为繁体版前言）

Part 1

Architectures of the Soul

Architectures of Solitude

孤独的场所

- 美国：洛杉矶 | 诺顿小屋
- 挪威：野生驯鹿中心
- 日本：长崎 | 军舰岛
- 日本：四国 | 犬岛精炼所美术馆
- 日本：四国 | 丰岛美术馆

Architectures of Solitude

1-1

孤独的必要性

诺顿小屋｜野生驯鹿中心

这栋住宅并非最华丽、最宏伟的建筑……但是却收藏了一个年轻时的梦想，以及一个可以独处的空间。

24

看海的日子

我很喜欢尼古拉斯·凯奇与梅格·瑞恩所主演的电影《天使之城》（City of Angles）：片头画面中出现洛杉矶海滩，一个个黑色衣服的天使，站在救生员的岗哨小屋屋顶上，闭眼抬头，在宁静的清晨海滩，接收上帝的声音。清晨的海边，一切喧嚣未起，只有海浪拍打岸边的声音。仿佛在这样的时刻，天使们更能专心听见上帝的声音！那是一种“知天命”的状态。

天使是有任务的，他们被称作是“服役的灵”，要去帮助人们，完成任务之后，他们必须无所恋栈地离开，重新接收新的任务，继续去帮助其他的人。尼古拉斯·凯奇所饰演的天使，居然爱上他所帮助的凡人女子，留恋于这段情缘，以至于无法继续他接下来的任务，无法去帮助更多的人。这是一个发生在天使之城 Los Angles 的神奇故事！

清晨的孤独是很美妙的，在天空逐渐如鱼肚翻白之前，思绪出奇宁静清晰，可以梳理生命中许多混乱。我曾在海军服役，营区在左营港边。冬天海风刺骨，我们必须裹着厚重的海军大衣才有办法在严寒中站岗。清晨的卫兵任务最为艰苦，你必须强迫自己从温暖的被窝中醒来，放弃前一刻的美好梦境，披上大衣，扛起步枪，佯装坚强地去寒风刺骨的海边站哨。望着漆黑的大海，思绪愈来愈清明，心灵愈来愈敏锐。可以说，在那个时刻，我能体会到《天使之城》电影中，那些站在海边接收上帝讯息的天使们的感受。

那些日子里，我常在半夜偷偷起床，在楼梯间的夜灯下苦读考托福的书本。内心挣扎思索的是，接下来的人生是要做什么？是否要出国留学？是否该留在外国工作或是回国就业？这一生是否就做一个执业建筑师，或还有其他选择？这个阶段的年轻人，面对这些问题时常常是不清楚的，而且没有太多的思考时间；有的只是许多长辈们的期许与要求，完全失去了内心真诚思考的空间。

寒冬中的看海日子，让我有机会安静思考人生，思考我将来的生活与方向。这样的孤独时刻，我更清楚了将来渴求的人生状态、我不想做的事（只为有钱人服务的建筑师），以及我认为最有价值的工作（改变人们的思想）。

美国洛杉矶

诺顿小屋

Norton House

威尼斯的独处小屋

加州洛杉矶威尼斯地区，早年因为运货需要而开凿运河，因此被称为“威尼斯”（Venice）。

威尼斯海滩地区是洛杉矶极受欢迎的海滩空间，除了游泳戏水之外，每天也都有许多居民在海滩运动健身，穿着比基尼的辣妹滑着旱冰鞋，穿梭于海岸步道（Ocean Walk），裸露上身的猛男在阳光下练肌肉，吐火圈的街头艺人忙着吸引群众的目光，还有穿着短裤制服、骑脚踏车的巡逻警察，而海边散布着一座座救生员瞭望岗哨塔，正如电影《天使之城》里出现的场景一般。

事实上，威尼斯海滩的救生员瞭望岗哨塔，最有名是出现在电视影集《海滩护卫队》（Baywatch）里，影集中身材姣好的帅哥美女救生员，穿着红色短裤泳衣，来回在海滩奔跑跳跃——因此当时该剧常被笑说“叫什么 Baywatch，根本就是 Bikiniwatch（比基尼护卫队）”。

海滩岗哨塔原本都是木头搭建的，这几年渐渐汰换为塑料工业制品，感觉失去了早年海滩原本的风貌，毕竟这些救生员岗哨塔伴随着洛杉矶人成长，早已成为海滩上的景观地标。

威尼斯海滩的著名地标还有一处仿名画《维纳斯的诞生》所绘制的壁画（mural），画中维纳斯化身为威尼斯的海滩辣妹，穿着热裤轮鞋，背景则是威尼斯的景色。这处壁画已经被洛杉矶政府指定为文化财，可见其重要地位。如今附近更出现许多新壁画，这些壁画述说洛杉矶这座天使之城的历史，也突显出这座城市的多元种族文化面貌。

沿着海岸步道的第一排住宅，是最令人欣羡的海景豪宅。对可怜的台北人而言，几乎可说是"梦幻住宅"的等级。其中一栋由加州建筑师弗兰克·盖里（Frank O. Gehry）所设计的豪宅十分特别。

这栋海滨屋（Norton House）前方有一座高起的方塔，这座塔犹如树屋或是鸟巢一般，由一根柱子撑起方形箱子的房间，房间不大，仅容一人在内活动，房间开窗面向海滩，屋主可以在内一边使用电脑，一边遥望远方大海，有如救生员待在瞭望岗哨塔里。

这座塔楼的灵感，的确是从救生员的瞭望岗哨塔而来。屋主年轻时曾经担任海滩救生员，成家立业之后，仍然向往海滩生活，因此建筑师盖瑞帮他设计海滩住宅时，特别设计了这座有如救生员岗哨塔的建筑，让他可以重温昔日当救生员看海的日子，同时也可以在生活中保有一个独处的安静空间。

这座海滩住宅并非最华丽、最宏伟的建筑，它并非富豪心目中的亿万豪宅，但是却收藏了一个年轻时的青春梦想，同时也为屋主保有一个可以独处的空间。在那里他一边工作，一边望向大海。清晨或是夜深，宁静的独处时刻，让他保有清醒的心，不仅怀抱过去的雄心壮志，也让自己清楚知道要往哪里去！

---

data

诺顿小屋

Add: 2509 Ocean Front Walk, Venice, CA 90291, U.S.

23

挪威

野生驯鹿中心

Tverrfjellhytta

与驯鹿共舞

日本建筑杂志一直介绍挪威这栋野生驯鹿中心是“死前一定要看的一百栋建筑”之一，因此我们就算历经千辛万苦也要来看看这栋建筑。想看这栋建筑并不容易，因为该中心位于挪威中部山区高原，这附近平常少有观光客，只有登山客或野生动物爱好者才会来此。而且车辆只能开到半山附近，之后就要靠双脚爬山，才能到达这座建筑物。

野生驯鹿中心并非一栋给驯鹿居住的建筑。事实上，这是一座位于山顶，专门供登山者停留、休息，观察驯鹿的小房子。这座建筑物之所以引起建筑界的瞩目，一方面是因为这座建筑兼具了高科技与传统手工技艺：利用计算机 3D 切割科技，制造出不规则波浪状的木质表面，而一块块切割好的木头则是雇用挪威传统造船厂木工，利用榫接工法组装而成。建筑物外观是长方形的锈铁框架，内部则是温暖的木头材质，以及曲线一体成形的座位与墙面。自然而简单的材料与设计，可融入周边环境，同时抵御一年中变化无常的严苛风雪。

进入建筑物内，波浪状的木头形成了自然的阶梯，让人们可以透过整面的玻璃落地窗，眺望整个国家公园壮阔的景观。室内唯一的设备是从天花板悬吊的火炉，简洁的北欧风格，提供登山客与野生动物爱好者一个

温暖的庇护所。

从半山爬到山顶的路程不会太艰辛，但要费点劲。道路两旁因为严寒，一年中大半时间是冻土，短暂的夏日中，旷野的泥土里，只长得出色彩鲜艳的苔藓，还有一些不知名的小花。路上巧遇的挪威登山客告诉我们，今天是最棒的日子，因为这里八月初还飘雪呢！

这儿有一个人不论天气好坏，每天都要独自爬山登顶，来到这座野生驯鹿中心——她是国家公园的保育员，职责就是每天在此观察驯鹿的动静与迁徙。以亚洲人的标准来看，她的体格的确高大强壮。但是对挪威人而言，他们从小就习惯郊野的登山健行，体力耐力都很好。

挪威人似乎习惯于孤独，他们可以一整天面对大自然，没有人影、没有言语，只有野生动物的叫声。我们可能觉得这样太过孤寂，但是那位国家公园保育员却不这样认为，她觉得每天观察众多的野生动物，了解它们的生活动态，非常忙碌与丰富，感觉并不孤独。

---

data

野生驯鹿中心

Add: Hjerkinn, Dovre Municipality, Norway

我那天带着简单的野餐：一盒蓝莓、一份三明治，以及一瓶冰可可饮料，爬到山顶的野生驯鹿中心，望着山谷以及远处的山峦。我感觉自己似乎开始可以享受这样的孤独，享受在大自然中天人合一的丰富感动。

或许在我们的生活中，都需要有独自走入山中，或走向海边的机会，让自己在孤独中找到生命的方向。

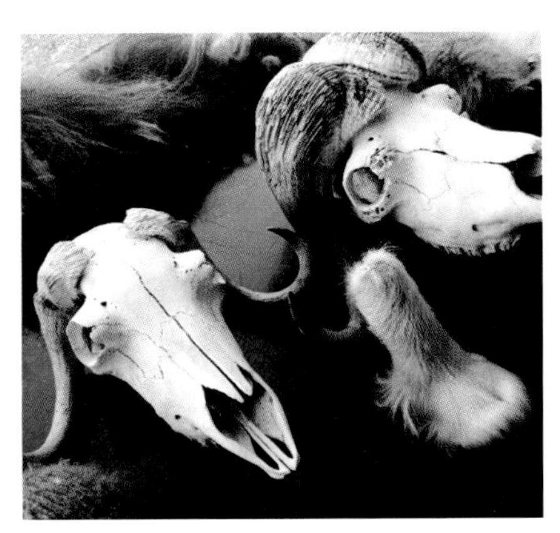

Architectures of Solitude

1-2

独处的天堂

军舰岛 | 犬岛精炼所美术馆 | 丰岛美术馆

岛屿是逃避世俗压力的最佳去处，所谓的“天涯海角”、“海角一乐园”，似乎都暗示着海的遥远处，存在着人们心灵的避难所与歇息地。

宇野↔豊島↔小豆島

荒岛记忆

海岛有一种遁世的特性，逃到荒岛上，意味着寻找一处与世隔绝的净土，是人们内心潜藏的一种想望，小说《鲁滨逊漂流记》或是汤姆·汉克斯主演的流落荒岛电影《荒岛余生》（Cast Away），都描述着一个人的荒岛经验，那是现代人所缺乏的“独处”经验，岛屿让人们不得不去面对自己、与自己内心诚实对话，找回内心的平静与安息。

说实话，我们所居住的台湾虽然是座岛屿，但是这座岛屿太大，让人难以感受孤独的存在感。我个人真正感受到岛屿的孤独感，应该是青少年时期的澎湖旅行经验。当年搭小飞机前往澎湖，在澎湖不同岛屿探险。一天，我们搭乘快艇前往一座无人岛，岛上荒芜、没有树木，有的只是开着小黄花的野草，整个岛屿十分钟即可绕行一周。船家在我们下船后，就丢下一句话说：“一个小时后来接你们！”随即破浪而去，消失在海平面上。

我们刚开始觉得新鲜有趣，在荒岛上开心漫舞，享受拥有整座岛屿的满足感。但是随着时间流逝，船家竟然没有在约定的时间内出现！我们在荒岛上开始无聊无趣，只得坐下歇息，望着辽阔的大海无言。眼见夕阳即将落入海平面，船家却依然没有出现，我们的内心开始慌张，一种被背弃的感觉油然而生，好像自己被整个世界所忘记，遗弃在世界的一处遥远角落。直到夜幕低垂，船家的快艇才姗姗来到！

孤岛可以让我们摆脱电话、电子邮件以及各种社交平台的追杀，特别是在一座收不到讯号的岛屿上，现代人才能够真正静下心来，听听自己内心微小的声音。我后来的岛屿经验都是在日本所获得，因为这几年日本出现了几座令人惊艳的岛屿：一处是在长崎外海的废墟岛屿——军舰岛；另一处是位于濑户内海的几座岛屿，包括直岛、丰岛，以及犬岛等，在建筑家与艺术家的努力之下，这几座岛屿俨然成为海上的艺术桃花源，孤岛不仅带来孤独，也为你的心灵增添色彩。

日本长崎

军舰岛

軍艦島

废墟圣地

日本长崎市拥有一座联合国世界遗产，这座世界遗产不是什么华丽宫殿，也不是什么古文明历史遗迹，而是一座废墟岛屿。这座位于长崎外海的岛屿，本名是“端岛”，过去曾因采矿而居住许多劳工及其家属，其人口密度之高，远胜过现在的东京市区。岛上有集合住宅、医院、学校、澡堂、神社……，甚至为了抵挡巨浪侵袭，岛屿四周围起十厘米高的防波堤，远望有如日本战舰“土佐号”，因此被称为“军舰岛”。

军舰岛在 1920 ~ 1930 年代的全盛时期，兴建了许多钢筋混凝土建筑，甚至有全日本最早的高层集合住宅，建筑物群布满全岛，密密麻麻的建筑物，让军舰岛犹如一座人工岛一般。当年因为日本能源政策的改变，煤矿产业没落，1974 年整座岛上居民撤离，而废弃的岛屿就这样被封闭管制了将近四十年，这期间岛上建筑物逐渐朽坏崩塌，形成了一座海上的巨大废墟，也成为世界废墟迷心目中的废墟圣地。

在管制时期，废墟迷只能雇用渔船，偷渡上岸，等几个小时后再来接他们回去。这些废墟探险家们深入军舰岛内部，攀爬上充满危险的废墟大楼上，拍摄了许多令人着迷的废墟照片，照片经过网络的流传，吸引了更多废墟迷想前往一探究竟。前几年军舰岛更吸引了好莱坞的剧组团队，到岛上拍摄电影《007 空降危机》，让这座废墟岛屿更加出名！

如今军舰岛开放大众申请参观，我们在惊涛骇浪中，顺利登上“军舰岛”。在废墟岛屿上，只见残破有如浩劫后的城市建筑，无人居住的废墟，成为野生老鹰们的居所，将近二三十只的老鹰在军舰岛天空盘旋哮叫，俯冲捕猎海里的鱼群，让我们这些入侵者心生恐惧，也深刻感受到废墟建筑的神秘氛围。

废墟岛屿充满着神秘感，同时也让人产生无限的故事想象，望着这些巨大却空洞的无人建筑，脑海中浮现类似《大逃杀》或《荒岛历险记》之类的场景想象，一种深刻却又凄美的孤独感油然而生，这样一座废墟岛屿真的是体验孤独的最佳场所。

---

data

端岛（军舰岛）

须事先预约参观团才能登岛，参考以下网址。
gunkanjima-nagasaki.jp

日本四国直岛

犬岛精炼所美术馆

犬島精錬所美術館

孤岛美术馆

濑户内海中，另外有一座工业废墟的岛屿——犬岛，最近也成了人们瞩目的焦点。犬岛早年曾是采石场的重镇，大阪城的建造石材部分取自于此地，二十世纪起，犬岛掀起铜矿炼制热潮，兴盛期有高达五六千人居住，后因经济衰退，人口大量流失，巨大的炼铜厂成为废墟，居民也仅存数十人，直到最近才由福武集团接手，请来建筑师三分一博志，将整座工厂废墟改造成“精炼所美术馆”。

建筑师三分一博志在设计美术馆时，并未将废墟整修一新，而是尽可能保留废墟原本的面貌，但在其间加入创新的艺术元素。倾颓的工厂烟囱，用煤渣压实后制成的黑砖所砌的墙……一切都似乎仍停留在荒废的状态，保存了历史发展的真实状态。事实上，这座工厂还被指定为“现代工业化遗产”。

这座美术馆成功地将“废墟”与“艺廊”结合在一起，外表看似废墟的精炼所，地底内部则为一条充满反光镜的神奇创作，镜中出现一颗燃烧的星球，是艺术家柳幸典取材自三岛由纪夫《太阳与铁》作品的灵感创作，另外一座名为“英雄干电池”的作品，则是将三岛由纪夫东京旧居

肢解所创造的空间装置；建筑师更将这座废墟工厂美术馆塑造成一座自然节能的环保建筑，他利用工厂烟囱、地下坑道与玻璃屋，形成“烟囱效应”，让美术馆可以达到自然通风的效果。

三岛由纪夫的作品《太阳与铁》是他一生的哲学告白，传达出一种力与美的象征。我站在犬岛精炼所的废墟前，体验美术馆内艺术家的神奇创作，终于了解到，这就是所谓“力与美”的象征！

---

data

犬岛精炼所美术馆

Open hours：10:00~16:30
休馆日：周二（3月～11月）／周二至周四（12月～2月）
休馆日如遇节日请查官网

benesse-artsite.jp/art/seirensho.html

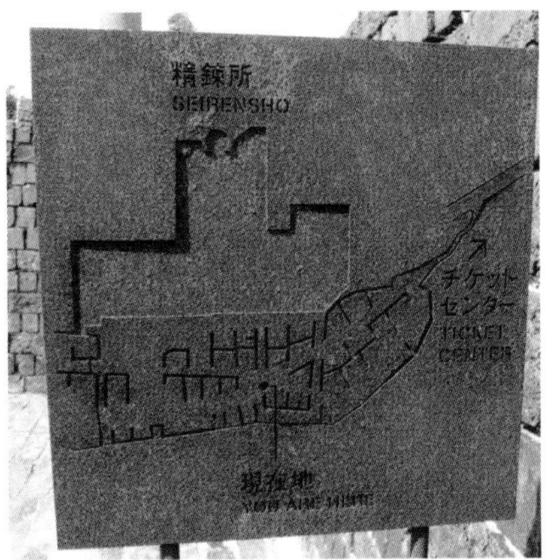
精錬所
SEIRENSHO
チケット
センター

日本四国直岛

丰岛美术馆

豊島美術館

美术馆天外天

进入新世纪，美术馆的概念有着革命性的改变。传统的美术馆多是一座建筑物，里面陈列收藏着许多艺术品，但是新世纪的美术馆，颠覆了传统的观念，不再被建筑空间所局限，也不仅是扮演收藏陈列的角色，甚至整座美术馆里，连一件艺术品也没有！

丰岛美术馆就是这样一座新时代的美术馆，坐落在一座偏僻荒凉的岛屿上，更奇怪的是，这座美术馆内，一件艺术作品也没有！可是每一个参观过丰岛美术馆的人，都会被这座美术馆所感动，无法忘怀。

丰岛美术馆由建筑师西泽立卫所设计，虽然建筑物内没有艺术品，但是这座美术馆本身就是一件艺术品。美术馆位于濑户内海丰岛的山麓上，整座美术馆呈现水滴状，纯白色的建筑在山林田野间，有如外层空间降临的不明飞行物体。弧形不规则的外壳颠覆了我们对于美术馆白色方盒子的制式看法，建筑体上方有两个大小不一的圆形开口，让光线甚至雨滴可以直接进入美术馆室内。

我们顺着建筑师设计的动线，穿过树林、穿过草原，迂回间从林木中望见白色美术馆的身影，犹如森林中精灵梦幻的居所，有些不真实，有些

超现实，这是梦境吧！直到入口处的服务人员唤醒了我——白色服装的工作人员，活像是外星飞碟上的技术师，居然要求我们要脱掉鞋子，才能进入美术馆，难道这座美术馆是圣域，是不容玷污的地方？

从食道般的通道进入美术馆，纯白的空间宁静得令人屏息，整座美术馆像是一座宇宙！轻柔的雪花从屋顶开口飘下，然后慢慢止息，接着阳光倾泻而下，在地板上留下圆弧的阴影变化；这时才发现地板上有水滴流动，这些水滴犹如有生命一般，在地板上移动、汇集，然后形成长条状滑行，有如科幻电影中的液态金属一般。

仔细观看才发现，这些水滴可不是从天而降的雨水，地板上有一两个乒乓球状的小白球，汩汩溢出水来。原来这些流动的水珠是精心设计的，是美术馆作品的一部分。丰岛美术馆事实上便是以水滴作为设计概念，除了美术馆大水滴之外，另有一座小水滴咖啡馆，在圆弧空间席地而坐，天光倾泻而下，啜饮咖啡之际，恍如置身天外之境。

美术馆的空间革命，已经进化到令人难以理解的地步；但是像丰岛美术馆这样的建筑，是不需要理解的，你只要带着一颗心去感受，就可以体会建筑师所要传达的事物，并且得到丰富的美感满足！

当你来到岛屿上，企图寻求内心的平静安稳，孤独会让你慢慢沉淀下来，让你更有能力去体会美术馆的纤细美学设计。于是你的心灵逐渐变得敏感，能够体会大自然的一切，甚至听见上帝的声音！

data

丰岛美术馆

Open hours：10:00~17:00（3月～11月）／10:00~16:00（10月～2月）
休馆日：周二（3月～11月）／周二至周四（12月～2月）
休馆日如遇节日请查官网

benesse-artsite.jp/art/teshima-artmuseum.html

Part 2

Architectures of the Soul

Architectures of Contemplation

思考的场所

· 日本：金泽 | 西田几多郎哲学纪念馆

· 日本：金泽 | 铃木大拙纪念馆

· 日本：金泽 | 海之未来图书馆

· 瑞士：洛桑 | 瑞士理工大学 ROLEX 学习中心

Architectures of Contemplation

2-1

哲学家与禅学家的空间漫步

西田几多郎哲学纪念馆｜铃木大拙纪念馆

我后来才发现，原来漫步是一种哲学性的活动。

思想家与建筑师

许多思想家都是在漫步的过程中，领悟生命的道理，并且建构他们的哲学思维。如果漫步对思想家是重要的，漫步的空间对思想家的孕育，应该也是重要条件之一。从我的旅行经验中，我感觉如京都或是金泽这般拥有深厚历史文化遗产以及四季山水自然感觉的城市，最利于思想家的产生。

因为现代大都会过于吵杂混乱，脑海中的讯息数据过于快速短暂，很难有机会可以安静下来思考；而现代都市的声光吵闹，也让人无法静心沉淀。这几年京都这座城市涌入太多观光客，许多城市空间已经逐渐失去令人沉静的特质，反倒是位于北陆的金泽，因为城市规模较小，地理位置较偏远，交通也不是那么方便，观光客并不如京都那么多，因此也保留了许多幽静的空间氛围。

金泽一直是文化艺术人才的孕育美地，除了传统艺术工匠之外，金泽地区有所谓的“三文豪”，即泉镜花、德田秋声、室生犀星。另外，“京都学派”最重要的祖师爷——西田几多郎，也出身金泽。关于西田几多郎最脍炙人口的故事，就是位于京都银阁寺至南禅寺之间，那段幽静浪漫的溪流小径，据说西田几多郎过去经常在这条小径漫步思索人生哲学，也因此这条小径被称作“哲学之道”。

“哲学之道”名闻遐迩，却少有人认识哲学家西田几多郎；同样，现在许多人都知道金泽市区有一座由妹岛和世＋西泽立卫所设计的“金泽21世纪美术馆”，但是却很少人知道金泽附近其实还有一座由建筑大师安藤忠雄所设计的“西田几多郎哲学纪念馆”。

金泽这几年改变很多，增加了许多大师级的现代建筑，除了前述两展馆之外，这几年又成立了一座令人惊艳的哲学现代建筑——“铃木大拙纪念馆”。西田几多郎与铃木大拙皆为金泽出身的思想家，西田几多郎以西方哲学为主体，发展出京都派的哲学；而铃木大拙则是将东方的禅学带到西方发扬光大。金泽这座小京都，原本典雅古意，如今这些新建筑的出现，不仅没有破坏金泽的优雅，反倒赋予她更大的文化新意，让古都更添魅力！

日本金泽

西田几多郎哲学纪念馆

西田幾多郎記念哲学館

思考的起点

安藤忠雄与西田几多郎都曾启蒙于西方的理论，但是却回到东方的领域里去发展，创建日本哲学在建筑里的重要地位。可以说这两个人骨子里都很东方，都充满着日本传统的血液，也因此由安藤忠雄来诠释西田几多郎的哲学空间，再适合不过了！

安藤忠雄擅长园林般的迂回路线，让参观者体验在空间中回游的种种意境。西田几多郎哲学纪念馆位于金泽北边一座小山坡上，从停车场开始，安藤先生就开始布局，他在停车场旁建造一座奇特的厕所作为起点，然后延伸出一条蜿蜒而上的樱花步道，他将这条步道称作“思索之道”，似乎是为了重塑京都那条闻名的“哲学之道”。

沿着“思索之道”前进，两旁樱花缤纷的情景，正如京都“哲学之道”的情景一般。有趣的是，走在步道上可以发现左边山坡下，有一方雅致的小区墓园，高高低低的墓碑提醒着众人，死亡与每一个人都息息相关，没有一个人可以因为逃避死亡，或企图背向死亡，而能真正免于死亡。死亡既是人们必须面对的事实，它便有鼓励人们活下去的作用，正如文艺复兴时期解剖过许多尸体的达·芬奇所言：“充分活用的人生，带来一个明白的死。”

西田几多郎的哲学也提到生与死是人生最重要的课题，“自觉”与“场所”则是西田哲学的精髓。走过樱花步道，看着樱花花瓣飘零如雪花，的确令人感伤于人生的无常与短暂，不知不觉我已经走完了“思索之道”，人生课题的思索却还未完成，或许这样的思索路径是每天都必须去经历的。

空之庭

西田几多郎哲学纪念馆的“思索之道”尽头，迎面而来的是类似安藤忠雄所设计的飞鸟山博物馆的大阶梯，这座大阶梯将整个纪念馆抬升到一个崇高的地位。事实上，位于大阶梯底下的是纪念馆的集会堂，被称为是“哲学之厅”。正前方的纪念馆十分简练、素净，玻璃帷幕包被着清水混凝土，成为安藤忠雄最近几年的常用手法，或许这样的材料使用更适合北陆地区寒冬风雪的气候吧！

正面大楼是纪念馆的研究室大楼，搭乘电梯而上，可以到达最上层的展望室，展望室视野辽阔，可以远眺白砂青松的日本海，以及白山绵延连续的山峰，当夕阳西下，日本海的落日更是金碧辉煌，叫人惊异！

右侧长方体的建筑则是展示室空间，关于西田几多郎的哲学世界在此展

现，甚至复制了西田先生的书房空间。但是最令人印象深刻的空间，则是位于展示室底层末端的“空之庭”。在参观动线的最末端，安藤忠雄设计了一处类似地中美术馆艺术家詹姆斯·特瑞尔（James Turrell）与安藤合作的“Open Sky”空间作品，但是其哲学的禅意更为强烈。

当最后一道电动门开启前，人们心中期待着眼前将出现什么精彩的事物。但是当门真正开启之后，只见一处空荡荡的庭院，四面围着清水混凝土墙，只能看见上方蓝色的天空。不论是下雪、飘雨、烈日，整个庭院呈现出一种“空”的境界，是十分适合重新思索的空间。安藤忠雄巧妙地以“空之庭”作为整个展示的结束，似乎有意要参访者在此静思，作为对西田几多郎的致意。

整个纪念馆最具戏剧效果的地方，是通往地下大会堂的垂直天井空间。安藤忠雄设计了一处圆形的采光井，让光线从上方倾泻而下，大展安藤先生的光影魔术。沿着圆形空间而下的弧形楼梯，引领着参访者向下探望奇妙的光影变化；天井正下方是圆形的净空广场，在这里其实放置任何东西都会感到多余，但是设计者高明地摆放着两三把亚克力的透明椅子，似有似无的座椅，呈现出一种哲学的暧昧与矛盾。

---

data

西田几多郎纪念哲学馆

Open hours：09:00 ～ 17:30
休馆日：周一（遇假日开放，隔日休馆）、12 月 29 日～ 1 月 3 日
换展期间（请查阅官网）
nishidatetsugakukan.org

沿着安藤忠雄特别设计的作为残障动线的坡道漫步，回头欣赏这座外形不起眼的建筑体，步道的尽头除了电梯之外，更有一处以玻璃打造的阳台，从阳台上可以眺望整个来时路径，思索之道、樱花林、坟场以及圆顶三角形的厕所，有如回顾自己一生所走过的路径一般。

日本金泽

铃木大拙馆纪念馆

鈴木大拙館

隐身庶民间的禅学

设计铃木大拙纪念馆的建筑师谷口吉生，本身也出身金泽，他和同为建筑师的父亲谷口吉郎，曾经一齐为金泽市共同设计过一座图书馆。

谷口吉生的建筑作品呈现出一种极简主义的准确性与纯粹性，在简单中却不失优雅与丰富，许多人都认为他的作品展现了极简主义大师密斯“少即是多”的真谛。因此纽约当代美术馆新馆特别找他来设计，他也为纽约市设计了一座极简又精彩的美术馆，成为纽约重要的观光景点。

由谷口吉生来担任铃木大拙馆的设计建筑师，可以说是一时之选，因为谷口吉生与铃木大拙一样，都曾浸淫美国社会生活多年，将东方文化传播到西方社会，两个人在西方社会的声望都很高，也都是西方人所熟知的东方杰出人才。

铃木大拙通晓多国语言，毕生致力于禅学的研究与宣扬，因此被尊称为“世界的禅者”。他精通心理学，试图在西方心理学与东方禅学之间搭建桥梁；谷口吉生受西方建筑教育，精通西方现代建筑极简主义的精髓，却试图以此来诠释东方哲理，就这方面而言，谷口吉生与铃木大拙的确有异曲同工之趣。

谷口吉生所设计的“铃木大拙纪念馆”，则充满着现代的空间禅意。这座纪念馆离金泽21世纪美术馆不远，精巧的建筑坐落在小区之中，却别有洞天。仿佛告诉世人：所谓的“禅学”，并不需要在什么大山大水的名胜景点中才能领略；“禅学”其实就隐藏在寻常生活中，人人都可以在生活中静心领悟。不过谷口吉生的设计，在寻常的庶民感中依旧存在着大器，铃木大拙馆前适当的留白广场，就已经预告了这座建筑内所要展现的是何等伟大的心灵。

从入口进去，简单的接待柜台和明亮的落地窗透出枯山水庭园的素雅。然后参观者被引导进入一条幽暗的长廊，好像离开人世的喧嚣，被压缩到一个简单素净的空间，然后才能到达铃木大拙的思想中心（他的文件展示区）。这条幽暗狭窄的长廊，有如一条洗涤尘世烦恼的水管，强迫着参观者涤尽思虑，暂时放下一切，让心思进入一种空无的境界。

空间与光线的确会对人的心境有极大的影响，这种狭小与幽暗的空间，并不是一般公共空间会使用的设计，但是谷口吉生的做法，有如日本传统茶屋的空间想法：千利修的日本茶屋通常都很狭小，入口有如小洞一般，必须摘下衣冠佩剑才能进入。而幽暗的室内空间，让人有如进入了另一个宇宙，一个超乎现实的宇宙；所有的世俗烦恼思虑，都被抛在外

鈴木大拙館
D.T. SUZUKI MUSEUM

面的世界，无法带进茶屋的世界里。所以日本人在茶屋的小空间里，得到暂时的心灵歇息。

“空”与“寂”

如同西田几多郎馆的“空之庭”，铃木大拙馆也有一座内庭。看完他的禅学人生之后，参观者被带到一个开阔的内庭，内庭的水池平静，犹如禅学心灵宁静的内在心境。借着巧妙的空间设计，谷口吉生让参观者领略禅学幽远的深意。那座水庭让许多参观者内心安静下来，它唤醒了长久被尘世蒙蔽的心灵，重新在安静中苏醒，重新得力！

水庭中央的方形建筑，是一座称为“思索空间”的建筑，让我联想到西田几多郎哲学纪念馆的“思索之道”。一为静态的思考，一为动态的思考，不同的思想家，有着不同的思考方式，实在有意思！

铃木大拙纪念馆外围设有通往茶室的林荫小径，谷口吉生特别在水庭围墙上，设计几个缺口，让外人也可以偶尔一窥水庭内部，好让我们这些俗世之人，也有窥探禅学奥义的机会。这让我想到孔庙建筑都有所谓的“万仞宫墙”，象征着孔家思想博大精深，很难让人一窥其堂奥；相较之下，谷口吉生眼中的铃木大拙禅学就亲民多了，人人都可以窥见，都可以亲近。事实上，铃木大拙最令人称许的就是他对于禅学的推广，不仅是在日本推广，更将禅学推广到异文化的领域。

水庭外墙的缺口处，有深入水庭的平台设计，让人不只是观看寂静的水庭而已，还可以穿越外墙缺口，走入水庭内，让整个人独立站在空无一人的水池中。那种置身空灵水池里的经验，十分独特！或是我们可以说，谷口吉生所设计的水庭，除了呈现“空”之外，更有一种难以言喻的“寂”在其中，或许这样的空间精神与谷口吉生的极简主义风格有关。从水庭外墙回顾走过的路径，似乎也在水池的倒影上，看见了自己一生的反映。

作为一座哲学家的纪念性建筑，不论是安藤忠雄或谷口吉生，让每一个来到这里的人，都重新省视了自己的生命。

---

data

铃木大拙纪念馆

Open hours：09:30 ～ 17:00
休馆日：周一（遇假日开放，隔日休馆）、12 月 29 日～ 1 月 3 日
换展期间（请查阅官网）

kanazawa-museum.jp/daisetz

Architectures of Contemplation

2-2

图书馆未来式

海之未来图书馆 | 瑞士理工大学 ROLEX 学习中心

数字图书馆的出现带来便利，但却无法复制传统图书馆的气味和迷人的氛围。

虚拟图书馆的进击

对于书籍知识的搜寻与涉猎，是人类长久以来心灵活动的重要部分，也是传承交换知识经验的美好过程。从中世纪的修道院到今日的图书馆建筑，纸本书的图书馆一直担负起储存知识经验的重责大任。不过数字时代的来临，为纸本图书馆带来极大冲击，许多原本要盖传统图书馆的大学或城市，纷纷改变计划，转而建造虚拟的数字图书馆，也因此让许多喜爱纸本书的民众，感受到图书馆建筑消失的危机。

事实上，我们喜欢图书馆，常常不只是喜欢书籍里的知识而已。我们喜欢图书馆里的气味，喜欢图书馆里那种求知欲望的集体氛围，也喜欢图书馆里书籍如山的壮观场景。我考高中的时候，天天从天母骑脚踏车去新北投公园的图书馆读书。当时新北投公园并没有现在受欢迎的绿建筑图书馆，只有一间小小的日式建筑图书室，没有冷气也没有计算机，但是我们都爱一大早就去排队，期望可以抢一个好位子，一整天坐在里面 K 书。

图书馆位于公园内是很幸福的！因为新北投公园古木参天，绿荫围绕，每次读书读累了，就会在公园里游走，呼吸芬多精，让脑袋清醒过来。

退伍后我到美国密歇根大学安娜堡研读建筑，在这座至今将近两百年历史的校园里，有许多宏伟的图书馆。古色古香的总图书馆，大门的建筑是排列的古典柱式，非常壮观。但是古老的建筑终究无法收藏所有的书籍，只好进行扩建计划，在原本旧图书馆后方，盖起一栋十层楼的新馆大楼，才勉强收纳所有的书籍。新图书馆大楼里，竟然有一整层楼全部收藏世界各地的地图，我对此印象最为深刻！此外，密歇根大学的法学院图书馆也令人十分着迷，古老如哥特式大教堂的空间，黝黑木头的古典家具……坐在里面读书，感觉自己好像哈利·波特魔法学校里的贵族！

进入数字时代，人们随时都捧着一书阅读，只不过此“书”非彼“书”，现在已经很少人阅读纸本书，他们阅读的都是数字版的“微博”。数字书籍数据的盛行，让纸本书及古典图书馆建筑渐渐式微，取而代之的是虚拟图书馆的数字数据库。传统图书馆无法二十四小时开放，而且巨大隐蔽的图书馆空间，其实也潜藏许多危险。数字图书馆则避免了这些缺点，学生们可以躲在宿舍二十四小时随时上网查数据，不会有人身安全的顾虑。话虽如此，虚拟图书馆仍旧无法复制前述传统图书馆的气味，以及实体建筑空间带给用户的心灵感受。

日本金泽

海之未来图书馆

金沢海みらい図書館

6000个小圆窗

日本人可以说是世界上少数对于纸本图书馆依旧着迷的民族，直到今天，日本仍然在各地建造许多新的图书馆，而且从使用者的状况来看，可以发现他们至今仍然钟情于纸本书的阅读，令人十分羡慕！

被称为“小京都”的金泽市，最近建造了一座新时代的漂亮图书馆——“海之未来图书馆”。这座图书馆虽然是一座传统的纸本图书馆，但是其内部空间设计却有着新世纪建筑空间的明亮与轻盈感，原来数字时代的传统图书馆，还是可以有让人耳目一新的面貌！

海之未来图书馆建筑外观，是一个巨型的方盒子，但是方盒子上有着一点一点的小圆窗，总共6000个小圆窗，让整栋建筑看来有如一个巨大的礼物盒子。媒体甚至将这座市立图书馆昵称为“蛋糕盒子”，可见这座建筑颇受市民们的喜爱。

海之未来图书馆由日本年轻建筑师堀场弘+工藤和美/シーラカンスK&H建筑师事务所设计，精致细腻，不输日本当红建筑大师的作品。进入图书馆内，可以感受到空间的视觉穿透性与光线、信息的流动，特别是整个藏书空间与阅览空间的大面积挑空，可以感受到那种知识殿堂

P

的宏伟壮观。而墙面上那些小圆窗，犹如过滤器一般，将投射而来的光线软化，形成一种柔和的室内氛围，令人心情祥和沉静起来。整个图书馆充满着人性化的设计，包括一楼的儿童图书区，玻璃盒子的会议室，以及小间的隔音玻璃亭子——那是专为在图书馆里使用手机者而特别设计的，避免讲手机太大声吵到大家的安宁。

位于日本北陆地区的金泽市，自从金泽 21 世纪美术馆落成之后，新颖的建筑加上原本古色古香的东茶屋街，以及日本三大名园之一的“兼六园”，吸引了许多观光客前来参观，为金泽市增加了许多观光收入，因此被称作是“金泽效应”。事实上， 这几年除了美术馆的兴建之外，金泽市投入金泽车站的门户改建、近江町市场的重新规划、北国银行历史建筑的再利用等工程，海之未来市立图书馆也是重要的建设之一，证明了金泽市的转变不只是建造美术馆而已，城市整体配套建设才是城市复兴的成功因素!

---

data

海之未来图书馆

Open hours：10:00 ～ 19:00（周间）／10:00 ～ 17:00（周末假日）
休馆日：周三（遇假日则开馆），12 月 29 日～ 1 月 3 日
www.lib.kanazawa.ishikawa.jp/umimirai

携帯電話ブース

瑞士洛桑
瑞士理工大学 ROLEX 学习中心
Rolex Learning Centre (EPFL)

漂浮的图书馆

日本女建筑师妹岛和世是2010年建筑普利兹克奖的得主，她同时也在当年担任了威尼斯建筑双年展的策展人，风光地在夏日的威尼斯穿梭接待世界各国嘉宾。然后人们在展场大厅观赏最热门的3D影片《假如建筑会说话》（If Buildings Could Talk），影片是由著名电影导演文德斯（Wim Wenders）所拍摄，整部电影的主旨是："当我们的眼睛闭上时，可以看见更多的世界。"

片中以妹岛和世所设计的新作——"瑞士理工大学 ROLEX 学习中心"为背景，让戴着3D眼镜的观众们跟着欣赏了这座建筑的美好与奇妙。影片即将结束前，只见妹岛和世与她的伙伴西泽立卫，两人骑乘着未来感十足的交通工具"赛格威"（Segway），穿梭在这座建筑起伏的空间之中。影像呈现十分煽情矫作，却也让人体验了未来式的建筑空间经验。

瑞士理工大学 ROLEX 学习中心，基本上就是一座新时代的图书馆，整座图书馆明亮光辉，展现出一种妹岛式的建筑特色，建筑体呈平面式向外展开，起伏的造型，犹如一块布覆盖在大地之上。建筑体有许多圆洞，这些圆洞成为建筑物采光的天井，或是中庭活动广场。

事实上，这座建筑的设计概念与2009年妹岛和世在伦敦蛇形艺廊所设计的夏日临时建筑有异曲同工之妙。一样使用波浪起伏的建筑体，构筑出一种轻盈灵巧的新世纪建筑，使得整座建筑虽然占地广阔，却丝毫没有沉重的压迫感，反倒给人一种飞舞的反重力能量！最令人惊异的是，走进图书馆内，整座建筑的地面居然也是上下起伏，犹如自然界的丘陵地一般，这种建筑空间的革命性创举，的确令人感到不可思议！

夏日的阳光洒落在中庭的圆弧空间中，同时也为图书馆带来充足的自然光线，光线之明亮，以至于夏天整栋建筑还要加上遮阳百叶板。这些中庭空间并不是封闭的，借着起伏的建筑楼板下空间，将中庭串连一气，形成一种户外空间庭园般的乐趣。

图书馆不应该是一座单纯储存知识信息的地方，也不应该只是一处K书准备考试的地方，而是一座让人想汲取知识、开创智能的空间，妹岛和世的新世纪创意图书馆建筑，的确让人有种想做学问的欲望，这样的图书馆正是现代大学所需要的建筑！

---

data

瑞士理工大学ROLEX学习中心

Open hours：07:00 ～ 24:00
休馆日：8月1日、12月25日
可预约付费英法德文导览（上限30人，每个团体CHF 100.00）
rolexlearningcenter.epfl.ch

STAFF

Part 3

Architectures of the Soul

Architectures of Religion

信仰的场所

· 日本：大阪 | 光之教堂

· 奥地利：海茵堡 | 马丁 · 路德教堂

· 法国：朗香 | 朗香教堂

· 日本：东京 | 圣玛利亚大教堂

· 日本：淡路岛 | 本福寺水御堂

· 日本：北海道 | 水之教堂

Architectures of Religion

3-1

神与人相遇的地方——

光之教堂｜马丁·路德教堂

上帝无所不在、无以名状。圣经中多次提到“神就是光”，现代主义崇尚的光影变化，遂成为基督教会建筑表达神性最佳的手法。

追寻上帝之所在

设计教堂建筑是一个十分吊诡的难题，因为人们传统概念里，总是认为上帝就住在那宏伟建筑物里。但是使徒保罗在对智慧的雅典人演说时，却曾明白地告诉他们："创造宇宙和其中万物的神，既是天地的主，就不住人手所造的殿。"那位创造天地、无所不在、无可名状的神，无法被局限在有限的空间里，所以关于教堂建筑最好的定义，应该是"神与人相遇的地方"。

作为一个"神与人相遇"的地方，过去基督教会试图用当时最新科技，去塑造一个人们会愿意仰望神、亲近神的空间，哥特式建筑就是一个最好的例子，强调"垂直性"的哥特式建筑，利用高超的结构力学，将教堂变成当时的超高层摩天大楼，其建筑物之高耸，至今仍然令人们望之赞叹。

哥特式教堂塑造出垂直的尖拱窗、高耸的室内空间，让人一进入教堂内，就不由自主地抬头"仰望上帝"，内心有股向神祷告的欲望。这种前所未有的建筑形式，因此成为基督教建筑的代表性特色，大部分的教堂建筑都希望有哥特式建筑的特色，作为基督教会的标示。

但是现代主义的建筑师们，秉持着新教徒的思想，认为“装饰是罪恶”，那些装饰与雕像其实也是某种拜偶像的罪恶（昂贵的建造费用与虚荣炫耀的装饰）。上帝既然是无所不在、无以名状，最好还是以抽象的方式来表达。圣经中多次提到“神就是光”，现代主义崇尚的光影变化，遂成为基督教会建筑表达神性最佳的手法。

日本建筑师安藤忠雄与奥地利的蓝天组建筑师事务所（Coop Himmelblau），都以反传统基督教哥特式建筑的方式，来诠释基督教教堂，让教堂建筑展现出令人耳目一新的面貌，同时也让人重新思考人与神的关系。

日本金泽

光之教堂

茨木春日丘教会

安藤忠雄的光线魔法

安藤忠雄之所以受世人推崇喜爱，一方面是因为他的奋斗历程充满了传奇色彩，另一方面也因为他的确是个擅长营造空间氛围的建筑师，事实上，他根本是一位玩弄光线魔法的魔术师。在他的作品中，并没有太强烈的建筑形式，他重视空间的氛围胜于形体的操作，特别是空间中的光影变化，更是他建筑魔法的表演重点。

安藤忠雄在罗马的建筑旅行中，曾经在万神殿中感受到光线的神奇魔法，让他领悟到建筑物是一种过滤光线的工具，光线经过过滤后，会展现出一种不同于平常的神奇魅力，有人将安藤忠雄这段经历，模拟于圣经中使徒保罗的大马色经验*，称作是“万神殿经验”。

这种光线的魔法在宗教建筑上，表现得更为淋漓尽致，安藤忠雄的教堂建筑是现代建筑史上的经典，特别是“光之教堂”，更是安藤忠雄作品中的极致之作。每个人进到光的教堂内，都会着迷于那座用光塑造出的十字架，甚至被那道神圣的光线所感动！充分呼应了圣经中“神就是光”的记载。

位于大阪的“光之教堂”原名为“茨木春日丘教会”，其实就位于冈本

*编注：保罗原名“扫罗”，原本是个热中于犹太信仰的人，在《使徒行传》22 章中，他要求大祭司给他致大马色犹太会堂的文书，捉拿信奉基督的人。在他将抵达大马色时，他被大光四面照耀，扑倒在地，耳边听见一个声音：“扫罗，扫罗，你为什么逼迫我？”自此开始，扫罗的生命彻底翻转，成为一个跟随基督，传扬福音的人。

太郎那座怪异太阳塔万博园区的后方小区里，这座教堂是安藤忠雄所有教堂建筑中，唯一一座真正有教会使用的教堂建筑，其他的教堂建筑基本上都是迎合日本人喜欢基督教结婚仪式所建造的结婚礼堂（wedding chapel）。

“光之教堂”建筑其实并不适合用来举办结婚仪式，因为整座教堂阴暗，只有墙上的十字架开口透入光线，空间中的主角是十字架，是光，是上帝，而不是阴影中的结婚新人。所以这座教堂完全是一座人与上帝单独相会的场所，而不是欢庆颂扬爱情的庸俗礼堂。

甚至这座教堂也不是那么适合主日的聚会，因为光之教堂的会友们一开始都抱怨会堂内太过于阴暗，聚会中要阅读圣经十分不方便，因此教会后来还在会堂中加添投射灯，在聚会中开启，以便聚会中可以有足够光线来阅读经文。

对于安藤忠雄而言，“光之教堂”延续了他的“万神殿经验”，以及柯比意之朗香教堂（Chapelle Notre-Dame-du-Haut de Ronchamp）的光线印象。当年安藤忠雄第一次到达朗香教堂，那是他所崇拜的现代建筑大师柯比意的经典建筑作品，朗香教堂内幽暗的空间，不同角度、不同大小开口所投射入的光线，在教堂内呈现出神奇的光影；那种光线的冲击，让安藤忠雄内心悸动不已，以至于他必须逃出教堂，到室外草坪上喘气歇息，等到内心平静下来，才能再度进入教堂内参观。（参见 p.102）

这样强烈的空间经验，让安藤忠雄深刻感受到教堂光影的重要性，也激发他完成一座以光影为主角的建筑。“光之教堂”基本上是一座新教的教堂，新教教堂与天主教的教堂有所不同，强调空间的纯粹性，认为雕刻神像装饰是一种罪恶。这个部分其实与现代主义建筑的基本精神不谋而合，因此让安藤忠雄可以执意在教堂中去突显十字架光影的设计。

然而新教教会也强调聚会中的讲道与圣经阅读，甚至会友之间的交流与联系，就这个部分而言，安藤忠雄所设计的“光之教堂”建筑却不是那么适合。在安藤忠雄的想象中，“光之教堂”的建筑是个人与神接触的私密空间，这种经验比较类似一个人走入巨大的天主教堂内，安静地坐在圣殿椅子上向上帝祷告，然后一道戏剧性、宗教性的圣光投射在他身上，刹那间，他感受到上帝的同在，以及上帝对他这位渺小个人的回应。安藤忠雄的光之教堂，试图去创造出这种私人宗教经验的空间，而不是整个教会群体的活动场所。

无论如何，安藤忠雄的建筑让人们重新感受到光线的奇妙，在这个建筑逐渐庸俗的年代，找回空间中的神圣性。

---

data

光之教堂

不管是个人或团体，都须事先上网预约才能参观（不接受旅行团）。

ibaraki-kasugaoka-church.jp

奥地利海茵堡

马丁·路德教堂

Martin-Luther-Kirche

云朵般的教堂

蓝天组是维也纳的建筑公司，他们的建筑经常变幻莫测，有如蓝天中的白云一般，他们曾经表示："蓝天组的意思是蓝色天空，但重点不是蓝色，而在创造云朵般的建筑。"

蓝天组甚至被喻为是"建筑界的滚石乐团"，因为他们的作品震撼了建筑界的庸俗与平凡，以一种高亢的声音，将建筑界带到新的境界。慕尼黑 BMW 展示中心就是他们的力作。最近他们在维也纳近郊海茵堡（Hainburg an der Donau）所设计的马丁·路德教堂，更是令人耳目一新！

奥地利的海茵堡是个中世纪氛围的小镇，所有的建筑物都像是日本动漫画《进击的巨人》里面所设定的样貌，不仅有高耸的城门，市中心也有哥特式教堂，但是蓝天组竟然在这个小镇里，设计了一座超现实风格的教堂，替这个小镇带来极大的震撼！

我们来到小镇四处寻觅，也问了一些广场里的当地居民，竟然没有人知道这座教堂的下落！直到最后我们在接近迷路的状态下，才看见这座教堂的奇特钟塔，在蓝天之下闪闪发亮，闪烁着金属光泽如云朵般的屋顶，正召唤着我们前往神圣的殿堂走去。

马丁·路德教堂的钟塔是金属打造的，造型扭曲倾斜，犹如现代雕塑品。从不同的角度观察，都可以看到不同的面貌，也带给人们不同的想象。教堂的屋顶是用金属加工制造，再用吊车直接将屋顶放到混凝土的建筑上，那幻化如云朵般的屋顶，真像是外层空间降落的幽浮，又像是某种天堂纯净的物件。事实上，这个屋顶设计与神学原理紧密结合，同时存在着三个天窗，正如“三位一体”般的隐喻；天窗下的空间正是聚会的正堂，人们在聚会时，可以感受到天光由上方照射，感受天堂般的明亮氛围。

有人看见这座教堂，总觉得它不像是教堂，因为没有哥特式的尖塔或尖拱窗。我想到圣经里一段记载，耶稣与尼哥底母论到圣灵与重生，他说“风随着意思吹，你听见风的响声，却不晓得从哪里来，往哪里去，从圣灵生的也是如此”，圣灵的工作常常是超过我们所能想象的。

蓝天组所设计的马丁·路德教堂似乎正告诉我们：我们总以为上帝应该是哥特式大教堂里的上帝，殊不知上帝是无所不在的，他的作为也超乎我们的想象；或许像马丁·路德教堂这样无可名状的建筑造型，才能够真正呈现出上帝的无限可能吧！

---

data

马丁·路德教堂

Add：Alte Poststraße 28 2410 Hainburg an der Donau
www.coop-himmelblau.at/architecture/projects/martin-luther-church

Architectures of Religion

3-2

天使的舞动

朗香教堂｜圣玛利亚大教堂

建筑师通常就是那位知道空间些微变化的人，他们可以感受到空气的流动、光线的移转，以及温度的变化。现代主义建筑大师几乎都懂得这些细微的“天使动作”。

天使的光影

犹太传说中，位于耶路撒冷的毕士大池（Bethesda）是个具有疗愈功效的神奇池子。平日平静无奇的池水，一旦被天使撩动，第一个跳进池里的人，不论患的是何种疑难杂症，皆可痊愈。因此池边总是人满为患，躺卧着瞎眼、瘸腿、血气枯干等的病人。

圣经上描述一位被病魔缠身三十八年的病患，千里迢迢来到毕士大池，索性拿着被褥在池边住下。只是即使他看到池水被天使搅动，却无力自己进入池里，也没有人愿意帮助他，所以多年来一直未能得到医治。耶稣来到当地，看见他就动了慈心，命令他："起来！拿着你的褥子走吧！"那人就得以痊愈，起身拿着褥子离开。

犹太人并不崇拜天使，他们认为天使只是"服役的灵"；那位瘸子并非因天使而痊愈，主要还是因为耶稣的神迹。但是天使的出现与形象，逐渐被美化为纯白与圣洁的使者，并且拥有疗愈的能力或助人的力量。那位卧病毕士大池边的病人，或许真的看过天使降临，或许他其实也看不见，但感受得到天使从天而降时的细微变化——明亮的天光照耀，清新的空气鼓动，水面激起些许涟漪……这些变化一般人无法察觉，但是对这个躺卧池边多时的病人，时间犹如静止，他早已经习惯观察水池，即便是再小的改变，都能引起他的注意！

现代人太讲求效率，养成了一种积极却忙碌的生活节奏。但是有时人会遇到不可控制的意外，就像毕士大池旁的病人一样，逼得我们不得不放下一切，让心灵学习安静。然后你将发现，你逐渐可以看见那些原本视而不见的事物，看见只有静心的人可以看见的细微处。

建筑师通常就是那位知道空间细微变化的人，他们可以感受到空气的流动、光线的移转，以及温度的变化。现代主义建筑大师几乎都懂得这些细腻的“天使动作”（Angle’s Movement）：不论是柯比意、路易·康（Louis Kahn）、安藤忠雄，或是丹下健三，都曾在他们的经典作品中表现出所谓的“天使动作”。

路易·康曾说：“每一道光都不同于前一道光。”他就是可以感受到些微光线变化的人。在他的建筑中，人们试图去感受他神奇的光影感应能力，不论是金贝尔美术馆（Kimbell Art Museum），或是沙克生物研究中心（Salk Institute for Biological Studies，见 P220），人们都惊奇于光线的奇妙与震撼效果。但这些光线不就是我们天天都看得到的光线吗？只是善于体会幽微的建筑师，努力将这些细致但美妙的事物呈现给一般大众，让我们也可以体验这些微妙的天使光影。

法国朗香

朗香教堂

Chapelle Notre-Dame-du-Haut de Ronchamp

建筑人的圣地

日本《*Casa Brutus*》杂志封面专题曾出现“死前一定要看的一百栋建筑”这样的耸动字句，杂志中介绍一百栋世界各地的经典建筑，推荐建筑迷要把握人生，在可以到处旅行的年日，好好将这些经典建筑看完！

在“死前一定要看的一百栋建筑”名单中，不乏现代建筑大师莱特、密斯、柯比意等人的经典建筑作品，建筑大师柯比意的马赛公寓、萨维亚别墅，以及朗香教堂也必然都在名单之中。不过对于建筑人而言，朗香教堂可以说是所有建筑作品中，最经典也最神圣的地方，甚至可以说是建筑师们的圣地，是一辈子一定要去朝圣的重要建筑！

位于法国南部的朗香教堂，交通并不方便，必须搭乘地方铁路到达小镇，再徒步走上小山丘；漫长的旅程，更让人有朝圣般的期待心理。所谓的“朝圣”之路，本来就是漫长而坎坷的，历经千辛万苦的过程，其实正是修炼建筑灵魂的苦路，这条路过去有千千万万的建筑人曾经走过，其中一位最有名的就是建筑师安藤忠雄，这段朝圣之旅造就了后来的建筑大师，甚至我们可以说，没有柯比意的朗香教堂，就不会有之后安藤忠雄的光之教堂（p.90）与其他作品。

朗香教堂是柯比意晚年的作品，早期的柯比意作品呈现理性的纯粹主义风格，白色干净的几何构成，影响了后来的白派建筑师理查德·麦尔（Richard Meier）；不过晚年的柯比意似乎反璞归真，呈现出感性的粗犷主义风格，而朗香教堂更是充满了雕塑风格，充满了各种有趣的隐喻。

有人说朗香教堂的造型犹如带着修女帽的修女，或是一双祷告的手，也有人觉得朗香教堂根本就是一艘大轮船。最有趣的是教堂后方两座塔，一高一低的塔楼，有如大小修女在讲笑话，小修女听了笑不可遏，大修女马上伸手捂住小修女的嘴……

无论如何，朗香教堂至今仍是建筑人的朝圣之地，是建筑灵感的启发圣地，死前一定要来此一探究竟！我几次来到朗香教堂朝圣，登上小山丘，进入方舟般的教堂内，细细地去体会那些光线的移动与漫射，这些观察让人心境缓慢安静下来，我就像是毕士大池畔的病人般，可以看到天使缓缓地降临其间。

data

朗香教堂

Open hours：全年（元旦公休）
冬日开放时间略短，请上网确认。
collinenotredameduhaut.com

日本东京

圣玛利亚大教堂

カトリック東京カテドラル関口教会

巍峨的金属十字

丹下健三所设计的圣玛利亚大教堂，位于东京市区四季饭店椿山庄的对面，这附近十分幽静，接近知名的早稻田大学校园，当年作家村上春树就是住在附近的学生宿舍，周围的树林也成为他书写《挪威的森林》的灵感来源。

圣玛利亚大教堂建于 1964 年，当年丹下健三刚完成东京奥运会巨大的主场馆建筑，拥有承建巨大结构体的技术和经验，因此设计建造了这座巨大的天主教堂。教堂巨大的屋顶以格子梁的方式构成，让这座教堂内部可以没有任何巨大柱子，外墙则是包裹着金属板，在阳光下闪闪发亮，犹如一位双手抬起、翩然降临的明亮天使。

圣玛利亚大教堂如果从高空俯瞰，整座建筑呈现拉丁十字的形状。天主教堂基本上多以十字平面为主，象征着基督的身体，而其巨大宏伟的内部空间，呈现出一种威严的宁静感。许多参观者进入会堂内，都不由自主地噤声不语，静静地观察室内神秘的光线，特别是那些光线洒在质朴的清水混凝土上，更显得神圣与纯净。

圣玛利亚大教堂平日都开放一般民众参观，参观者可以入内坐在会堂内

東京カテドラル
聖マリア大聖堂
ST. MARY'S CATHEDRAL

安静默想，沐浴在神圣的光线之下，享受现代城市生活忙乱中难得的安静与缓慢。建筑师丹下健三于 2005 年逝世，其追思聚会也在圣玛利亚大教堂举行。当天冠盖云集，人潮挤爆整个大教堂。大家聚集在此，不仅追忆建筑师的伟大，同时也感受他所创造的神圣光影空间。

在柯比意的朗香教堂、丹下健三的圣玛利亚大教堂里，两位大师都企图在建筑设计里展现出“天使的动作”。特别是那些在混凝土墙面上移动的光影，更是炫目得令人屏息！安藤忠雄曾经多次前往朗香教堂，去感受那种神秘的光影变化；丹下健三也受柯比意“粗犷主义”的影响，在圣玛利亚大教堂里粗壮质朴的混凝土墙上，洒下柔和的光线，感受到一种宁静神圣的氛围。

---

data

圣玛利亚大教堂

cathedral-sekiguchi.jp

Architectures of Religion

3-3

在洁净的水域里——

水御堂｜水之教堂

旁观者只见参拜信徒慢慢没入水池中，然后又从水池中慢慢上升出现，其过程正如接受洗礼一般，是“出死入生”了！

水空间的洗礼

水的洁净果效让人感受到肉体的清爽，也带来心灵的更新。圣经里记载亚兰王的元帅乃缦大将军，战功彪炳，无奈患了大麻风，在当时可说是不治之症，他去求助于先知伊莱沙，伊莱沙竟要这个堂堂大将军去约旦河里洗澡七次。伊莱沙相信上帝要医治他，就七次到约旦河里沐浴，当他沐浴结束之后，原本麻风坏死的皮肤，竟然重新长出雪白如婴儿般的皮肉来。

“水”在东西方宗教里，都扮演着重要的角色。犹太教、回教都有沐浴净身的规矩，也有所谓的洁净礼。这些礼仪都借着水来洁净，借着肉体的洁净，重新让心灵也可以有清净的机会。基督教里则有所谓的洗礼，借着施洗的仪式，表明归入基督，死而复活，有新的生命与生活。

洗礼的方式很多，有的地方教派会直接在河边受浸施洗，有的教派则在教堂讲台下设计一座水池，洗礼时就在水池受浸，而有些教派则不采用浸礼，而以点水礼取代（就是将水滴洒在受洗者头上）。不论施洗的方式有何不同，重点都在去除罪恶，借着基督的救赎，重新做人。

建筑中使用水庭的案例很多，宗教建筑里也经常出现水空间，我却认为安藤忠雄应该是最善于使用水空间的现代建筑师，特别是在他的宗教建筑里，都经常使用水空间来呈现信仰的美好意境。对于安藤忠雄而言，他不仅仅只会用清水混凝土与钢筋建构建筑物，也会使用水空间来营造空间。

在他所设计的寺庙教堂案例中，以南岳山光明寺为例，他用水池围绕木造的寺庙殿堂，让光明寺有着曼妙的水中倒影；而在本福寺水御堂的案例中，他则直接将寺庙空间安置在水池正下方，形成一种奇特的寺庙形态，是以往所没有的设计手法。

安藤忠雄的水御堂设计，虽然有佛教常用的莲花元素，却充满了基督教施洗“出死入生”的象征意义，非常有趣！北海道的水之教堂，则带给人耶稣履海的感觉，为人们狂风浪潮的心境，带来平静与安稳。

日本淡路岛

本福寺水御堂

本福寺・水御堂

睡莲情结

1991 年，安藤忠雄在淡路岛建造了一座全新面貌的寺庙——真言宗水御堂。这座寺庙一反过去传统大屋顶的寺庙形式，在基地上建造了一座圆形的莲花池，并且在池中种植了五百株莲花。开花时节，整个水池布满灿烂的莲花。

刚开始所有的信众与僧侣都反对这样的建筑设计，因为传统的大屋顶是佛教权威的象征。不过安藤忠雄认为权威的时代已经过去，佛教寺庙建筑也应该尝试新的挑战。

事实上整座水御堂寺庙建筑，是在寺庙上方放置一座莲花池当屋顶，池塘中央有一座将莲花池一分为二的楼梯作为入口，由此阶梯往下进入水御堂。安藤忠雄巧妙地在水御堂墙面上涂刷朱红色油漆，因此当阳光西晒射进水御堂时，整座殿堂仿佛染上了鲜红色般金碧辉煌，正如一座鲜红色灿烂的西方净土世界。

“莲花对佛教来说，是一种极致神圣的象征性存在。在水中，心灵得以安歇与喘息；在自然中，生命得以孕育成长，有如此一贯的故事性。”安藤忠雄曾如此表示，也因此他在水御堂设计了灿如莲花的寺庙屋顶。

而 1994 年在京都陶版名画庭园案中，他甚至将莫奈名作“睡莲”直接放在水池里面，强烈而直接地显现他的“睡莲情结”，同时也创造出一种令人得以喘息、安歇的水庭空间氛围。

后来真言宗水御堂大受欢迎，来此参拜的信众日益增多，住持开始有些不耐烦，因此下了逐客令，后来甚至规定参拜者必须缴交日币三百圆。这项规定实施半年后，发生了严重的阪神大地震，地震震央就在水御堂不远处。安藤忠雄认为这是上天对水御堂的警告，然而水御堂莲花池却没有破裂，这也是建筑师安藤先生引以为傲的地方。

受洗可以说是基督教最重要的仪式之一，以水来施洗是将信徒全身没入水中，然后再站起来，离开水里，象征着灵魂再生的过程。正如圣经《歌罗西书》二章 12 节提及：“你们既受洗与它一同埋葬，也就在此与它一同复活，都因信那叫它从死里复活神的功能。”

洗礼的过程象征着与基督一同受死、埋葬、复活的属灵意义，是一种“出死入生”的程序，这也是所有真正悔改信耶稣的信徒必经的过程。正如耶稣基督所说：“我实实在在地告诉你们，那听我话，又信差我来者的，就有永生，不至于定罪，是已经出死入生了。”（《约翰福音》五章 24 节）。

安藤忠雄所设计的水御堂寺庙建筑，虽然是创新的佛教建筑，但是在空间寓意上，却充满了基督教洗礼“出死入生”的意涵。安藤先生在圆形莲花池中央置入楼梯，参拜者往下走时，感受到进入死亡的幽冥，而出来时则迎向光明，犹如重获新生。更有趣的是，旁观者只见参拜信徒慢慢没入水池中，然后又从水池中慢慢上升出现，其过程正如接受洗礼一般，是出死入生了！

data

本福寺水御堂

Add：日本兵库县淡路市浦 1310

Open Hours：09:00 ～ 17:00

日本北海道

水之教堂

水の教会

水之教堂的浪漫与信心

安藤忠雄最伟大的作品与宗教信仰有着极大的关系，他曾经设计过几座脍炙人口的教堂建筑作品，是现代主义教堂建筑的经典之作。1996 年意大利首届国际教会建筑奖就颁给了安藤忠雄，评审认为“安藤教会建筑的特征是形体的简洁明快及强烈的神秘感，这些都是创造神圣空间不可缺少的要素。空间与表面，以及对光的聪明运用，使得身处于安藤的作品中会有一种诗的感动，甚至感受到神灵的存在”。

安藤擅长以人工环境去突显大自然的元素，而几座教堂建筑也因为个性分明，令人印象深刻。其中“光之教堂”因为呼应了现代主义建筑以光影变化来取代罪恶的装饰，并且符合了圣经“神就是光”的教义描述，因此成为最受人瞩目的安藤教堂。另外“风之教堂”、“海之教堂”则呼应了当地的自然景观与地理条件，也深受人们的喜爱。“水之教堂”却是个传奇的教会案例，因为这座教堂并非是一般的教会聚会场所，而是一座饭店附属的“结婚教堂”，又因为它的位置深藏于北海道的森林中，即使是安藤建筑迷也很难找到这座教堂。不过因为这座教堂的浪漫传奇与神秘感，成为许多新人梦寐以求的结婚圣地，而偶像剧与艺人 MV 都喜欢到此出外景。

“水之教堂”建筑坐落在森林中，没有高耸的教堂钟塔与哥特式会堂，

反倒十分低调地隐伏在坡地下，远远望去除了背后的苍绿森林之外，就只有高起的玻璃方塔，玻璃中呈现出十字架，不论从任何角落都可以看见。事实上，这座玻璃方塔正是教堂入口的标的物，方塔下方则是教堂唯一的隐蔽空间／管理控制室，同样具有十字架的天窗，让管理室中随时印照着十字架的身影。

绕行着方塔拾级而下，幽暗狭小的阶梯令人忧郁，不过随即柳暗花明。进入教堂内部，映入眼帘的是大片的落地玻璃在圣坛之后，而玻璃外则是一片宁静的池水被深绿色的森林所环抱着，水池中站立着一座钢骨的十字架，显得孤独却屹立不摇。凝视着这座水池中的十字架，我想到圣经中所描述的一段故事：

“那时船在海中，因风不顺被浪摇撼。夜里四更天，耶稣在海面上走，往门徒那里去。门徒看见他在海面上走，就惊慌了……耶稣连忙对他们说，你们放心，是我！不要怕。彼得说：主，如果是你，请叫我从水面上走到你那里去。耶稣说：你来吧！彼得就从船上下去，在水面上走，要到耶稣那里去，只因见风甚大，就害怕，将要沉下去，便喊着说：主啊！救我。耶稣赶紧伸手拉住他说：小信的人啊！为什么疑惑呢。”

门徒彼得看见耶稣在水面上行走，也想走在水面上，不过当他走在水面上，起了大风，彼得心中疑惑，失了信心，就几乎要沉下去了。

安藤忠雄所设计的十字架屹立在水面上，不论是起大风，抑或是寒冬风雪，却都仍然呈现出钢铁坚毅的线条，正有如不动摇的信心一般，在北海道的天候中，更显其珍贵。这座简单抽象的十字架，正位于圣坛后方，安藤一反传统将十字架挂在墙上的做法，反而将十字架置于水面上，使得这座十字架有如耶稣在水面上行走，充满着教义想象的空间。

我正凝视水面上的十字架时，突然地大震动，我还以为是遇到了日本大地震。待回过神来，才发现整面落地玻璃墙面，正缓缓地向右移动打开，安藤忠雄在教堂旁设计了一座混凝土框架，用来容纳打开后的落地玻璃墙；当整座玻璃墙面打开之后，感受到一阵清凉的风从森林中吹来，顿时觉得人与大自然的关系变得亲切美好。安藤忠雄的灵感想必是从日本房子的生活经验得来的，当初春之际，住在日本房子的家庭会将木窗整个打开，面对着萌生绿意的庭园，享受阳光带来的温暖与庭园植栽的乐趣，那种人在住屋中依旧可以体验自然之美的设计，正是安藤在建筑中一直要表达的重要课题。

韩国女星宝儿的《Merry Christmas》的 MV，就在这里拍摄。影片中“水之教堂”在冬天的夜里，水池已结冻成冰，天空中雪花飞舞，但是那座钢铁的十字架依旧屹立在寒冬之中。教堂里被布置成婚礼的样式，烛火将安藤的建筑点缀得晶光闪亮，在如此美好的画面中，多少人被这样的浪漫所吸引，也难怪许多女生都曾梦想，婚礼一定要到“水之教堂”来举行。

坐在“水之教堂”里，我的心平稳安静，看着被绿色森林环抱的水池，以及池中屹立的十字架，我默默地祈祷着；宁静中我似乎可以听见上帝从森林中发声：不要怕！我必与你同在。

---

data

水之教堂

Open hours：21:00~21:30（一般民众参观）。婚礼预约见官网信息。
www.waterchapel.jp

Part 4

Architectures of the Soul

Architectures of Death

死亡的场所

- 瑞典：斯德哥尔摩 | 森林墓园
- 日本：东京 | 杂司谷灵园
- 日本：东京 | 青山灵园
- 日本：岐阜 | 冥想之森市立斋场
- 德国：柏林 | 柏林火葬场

Architectures of Death

4-1

沉睡的森林

森林墓园｜樱花灵园

如果死亡有如沉睡一般，我们宁愿安息在一片森林之中。

BETTY
EVA

墓园散步

我有一个奇怪的习惯，就是喜欢到墓园散步。特别是在大过年的时候，到处都是吵杂的贺年鞭炮声，电视里播放着令人厌烦的罐头贺岁歌曲，街头上不知所措的放假民众，穿着鲜红俗艳的衣服到处游走，这个时候，我很想找个没有人的地方，在新年之际，好好安静沉思，计划新的一年。

可怜的是，所有的咖啡馆不是放假，就是挤满吵闹的民众，丝毫无法给人安静独处的时空。后来我发现过年时间，只有一个地方没人，就是墓园！因为那边躺着的都是静默的死人。我最常去的墓园是阳明山第一公墓，那里风景优美，充满自然气息，十分适合在年节期间去漫步与沉思。

我到世界各地旅行，也喜欢去参观他们各地的墓园，这些墓园反映出各个不同城市的特性，例如寸土寸金的东京，墓园也是呈现高密度的拥挤状态；艺术之都巴黎的墓园则是充满精美雕塑，犹如进入雕塑美术馆一般；而纽约公墓垂直高耸的墓碑，似乎也呼应着曼哈顿的摩天大楼。

瑞典

斯德哥尔摩森林墓园

Skogskyrkogården

世界遗产墓园

北欧的墓园则反映出北欧民族对于大自然的爱好，以及对生死哲学的看法。

瑞典斯德哥尔摩的“森林墓园”是第一个被列为世界遗产的墓园，也是许多现代墓园的设计参考对象。不论是槙文彦所设计的“风之丘”斋场，抑或是伊东丰雄设计的“冥想之森”，多少都受到这座森林墓园的影响。

这座庄严、美丽，却又富有诗意哲理的墓园，由北欧著名现代主义建筑师阿斯普朗德（Gunnar Asplund）以及劳伦兹（Sigurd Lewerentz）所设计，而阿斯普朗德在死后也葬在这座墓园最美丽的水池边，让自己与其作品合而为一，算是对建筑师的一种尊荣礼遇。

整座墓园的庭园设计极富宁静哲思，进入森林般的墓园，首先望见一条通往小山丘的步道，一旁是树林矮墙，形成一种透视的效果，而视觉焦点则是山丘上的巨大黑色十字架，在蓝天白云中，形成强烈的视觉效果。不论是白雪覆盖、枯枝萧瑟的冬日，或是绿草如荫、枝叶茂密的夏日，强烈巨大的十字架，都逼使人们不得不去面对生死的人生课题。

墓园的规划分为礼拜堂、火葬场、草原、纪念山丘、湖泊，以及森林墓园。三座教堂排列在主要轴线一侧，分别是信仰、希望与十字架，而火葬场则隐藏在树林之中，让人不至于有恐惧害怕的感受。从入口处朝着巨大的十字架走去，似乎走完了人生之路，在葬礼结束之后，越过草皮，爬上纪念山丘，在微风吹拂之下，俯视着整个墓园，好似回顾着自己的人生一般。

森林墓园呼应了北欧的设计哲学“简约”，以及对大自然最少的干预，不像我们的葬仪空间那样永远充满混乱的装饰与恼人的噪音；建筑、森林、草原在这里几乎是融合为一体，因为唯有大自然的简单空间才能抚慰人心，才能让人重新找回内心的平静。

我喜欢那些森林下的墓园，安安静静地，享受着阳光透过树梢泻下的光辉，有一种做梦的虚幻感觉。所有的世间烦扰、所有的财富功名，以及所有的汲汲营营，在这里都归于平静，人生正如摩西所说的：“好像一声叹息！”

data
森林墓园

Open hours：全年无休
skogskyrkogarden.stockholm.se

日本东京

杂司谷灵园

雑司ヶ谷霊園

文学家长眠之地

除了北欧的森林墓园，东京市区的樱花灵园也是我喜欢去漫步的地方。

东京市区的灵园，历史都非常悠久，同时也都栽种老丛的樱花树，每到春天樱花盛开之际，雪白的樱花满布灵园，非常动人！特别是樱花季末期“风吹雪”的美景，更是触动人们内心敏感的角落，让人无法不去思考人生的意义。

东京这些古老的灵园，当年为了不要迁移拆除，特别广植樱花树，让市区的墓园可以公园化，而不至于带给人不舒服的感觉。其中包括青山灵园、谷中灵园，以及杂司谷灵园……等，日本许多有名的历史人物、文学家、政治家都长眠其中。

其中我最喜欢去探访文学家的墓园，“杂司谷灵园”就是许多文学家的葬身之地。日本知名作家永井荷风、泉镜花、夏目漱石、小泉八云都安葬于此。

我喜欢搭乘东京仅存的都电荒川线电车，来到杂司谷灵园进行墓园散步，都电荒川线在墓园前正好有一停靠站，下车后就可以走入墓园。公园化

1種13号17側
1種11号2側
1種11号3側
1種11号5側
1種11号6側

的墓园在平日中午，都会有上班族前来漫步休息，灵园树梢后方，就可以看见池袋的办公大楼，墓园与摩天大楼形成一种强烈的反差，突显出人生的荒谬与真实。

墓园十分辽阔安静，第一次来的人可以先到墓园办公室，拿取一张墓园地图，地图上会贴心地将所有葬在此地的名人墓地位置标示清楚，你便可以按图索骥去探访名人的长眠之所。有趣的是，小泉八云与夏目漱石在世时就有过节，成为宿敌，因此死后虽然葬在同一个墓园内，却刻意将两人的墓地隔得很远，可谓是一种贴心吧！夏目漱石写过小说《我是猫》，奇妙的是，他的墓地旁总是有猫咪徘徊，似乎在守护着他的陵墓。甚至有人感觉，夏目漱石就在附近注视着来访的宾客。

---

data

杂司谷灵园

Open hours：全年（休日：12 月 29 日～ 1 月 3 日）
tokyo-park.or.jp/reien/park/index071.html

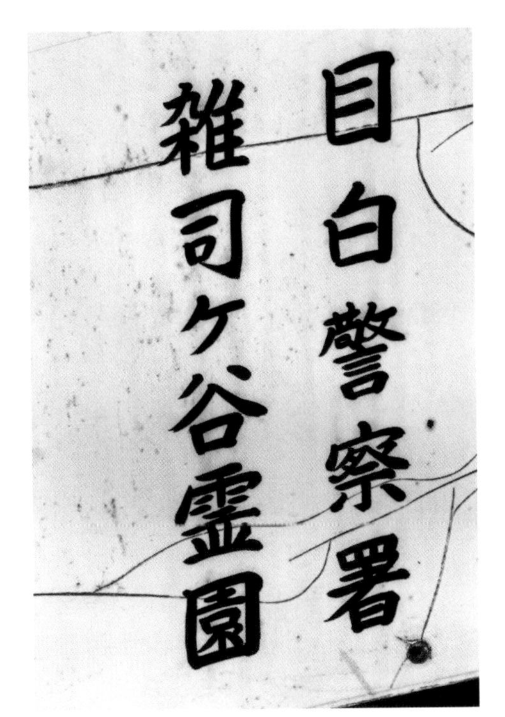
目白警察署
雑司ケ谷霊園

文獻院古道漱石居士
圓明院清操浄鏡大姉
夏目
夏目家之墓

日本东京

青山灵园

青山霊園

坟场亦是赏樱名所

位于东京精华地段的青山灵园，是难得的都市绿洲。若从国立新美术馆望出去，眼前那片青葱的绿色森林，就是青山灵园。不过看着这片坟场，完全不会让人害怕，因为远望这片地区，只见一片绿色树林，完全看不见树林底下的坟场墓地。每年春天樱花开放之际，青山灵园花海一片，成为东京人票选赏樱最美的地方。

青山灵园中有一条斜坡车道贯穿其间，道路上方是成荫的樱花树，花开时节整条道路有如樱花隧道，浪漫缤纷，令人有如置身仙境一般。日本人很有趣，他们在樱花季的短暂几天内，来到青山灵园，不忌讳地在墓碑旁铺着塑料布，然后就在樱花树下赏花饮酒吟诗，完全不害怕墓园的阴暗可怕传说，只是试图去抓住当下樱花盛开的美好。

在东京的灵园中赏樱，让我想起张爱玲的一句话："缘起缘灭，缘浓缘淡，不是我们能控制的，我们所能做的，是在因缘际会的时候，好好珍惜那短暂的时光。"

在这样的墓园中，死亡并不会带给人恐惧，反倒是借着面对死亡、思考死亡，人们得到继续人生旅程的动力。特别是春天樱花盛开的季节，从樱花绽放到花瓣飘零，短短几天的时间，让人感受到生命的短暂与美好，也叫人重新思考自己的生命，是不是应该过得更积极努力，让短暂的生命像樱花一般灿烂辉煌？

data

青山灵园

Open hours：全年（休日：12月29日～1月3日）
tokyo-park.or.jp/reien/park/index072.html

Architectures of Death

4-2

面对死亡的智慧——

岐阜冥想之森｜柏林火葬场

她来到这座光线的森林中，虽然忆起了昔日的伤痛，但是宁静的氛围与光线却抚慰了她的心。她在父亲火葬那天未能整理、沉淀的思绪，终于在此得到完整的梳理。

死亡的空间学

居住在台湾的人们，对于殡仪馆或火葬场的印象，一直停留在喧闹的仪式、混乱的场地，以及满天飞舞的金纸。烧香与烧冥纸的气味，刺激着人们的鼻孔与泪腺，让人心情紊乱与不安，所有人内心都按捺不住，都希望可以尽早结束这场梦魇。“死亡”这件事在孝女哭墓与脱衣女郎花车的伴奏下，显得既荒谬又不真实。

台湾人的葬仪空间混乱荒诞，其实与国人害怕死亡、忌讳谈死亡，有很大的关系。因为害怕死亡，所以不敢面对死亡，甚至也不去好好思考死亡空间的设计，最后让葬仪空间沦为江湖道士彼此竞逐、胡乱订定规则的场所，演变成如同电影《父后七日》中所描述的荒谬景况，不论是生者或逝者皆无法得到真正的安息。

我曾经写过一篇关于坟场漫步的文章，原本要刊登在一本台湾知名设计杂志的专栏上，文章附上拍摄唯美的巴黎墓园照片。但是交稿后没多久，我接到总编辑的来电，他委婉地告诉我，这篇文章与杂志风格不符……等，我很知趣地接受他的建议，撤下那篇文章，另外补写了一篇给他。

我可以理解他对谈论死亡的惧怕，甚至一般读者也有关于谈论死亡的内心禁忌。传统文化里总是告诫人们不可以谈死亡、说死亡，但是历史的事实告诉我们，没有人可以因为逃避死亡，或企图背向死亡，而可以免于死亡。面对墓园、面对死亡，让我们静下心来，去面对我们的内心，让我们看穿一切的虚假，诚实地去面对自己也面对别人。

台湾的火葬场，总是让人心烦混乱，但是世界上却有一些火葬场的设计，充满着安宁与沉静，让所有人来到这里不但没有恐惧，反而能沉淀心境，寻找到内心的安稳。

日本岐阜

冥想之森

瞑想の森

梦想家打造的美丽斋场

建筑师伊东丰雄的设计作品，改变了这种可笑的人生闭幕式。位于岐阜市近郊的“冥想之森”，名称浪漫优美，事实上这里就是市立的火葬场。

不过这座火葬场在建筑师伊东丰雄的规划设计之下，坐落于山坡森林旁，有着优美的屋顶曲线，以及一池深邃湛蓝的湖水；参加追思的家属们，在已故者送进火化时，被引领至一处明亮舒适的等候空间，从等候空间可以透过整片透明的落地窗，观看窗外宁静的湖水与青翠的草地，令所有置身此地的追思者无不陷入生命哲理的冥想中。

丹下健三过世之后，日本建筑界英雄辈出，其中最令人瞩目的建筑师要属伊东丰雄。伊东丰雄在这几年内，开始创造出属于自己的天空，从仙台媒体中心、TOD' S 旗舰店、MIKIMOTO Ginza Ⅱ，到台中歌剧院、高雄世界运动会主场体育馆、新加坡 VivoCity……等，伊东丰雄的作品创意令人惊艳！ 2006 年 3 月伊东丰雄更获得英国皇家建筑金质奖（RIBA Royal Gold Medal），他当时还特别穿和服出席颁奖典礼，皇家建筑学会主席更将伊东誉为是“不可能的梦想家”。

伊东丰雄的设计概念与想象思维大多源自于自然界的混沌学说，特别是液体状态的流动轨迹与流动空间，以及三度空间曲面等。“冥想之森”

瞑想の森

火葬场波浪状的屋顶，正是“三度空间曲面”的运用。运用计算机辅助设计来绘制三度空间曲面图虽非难事，但是在工地现场实际用混凝土浇灌出三度空间的曲面，却是件难度甚高、挑战性浓厚的建筑创举。

为此，伊东丰雄特别聘请制造家具的木工高手来打造模版，以一种近乎艺术创作的心境来塑造这座曲面屋顶。当模版完工之际，伊东丰雄也不禁赞叹，觉得光是这些模板就已经是艺术品了！不过整座“冥想之森”建筑完工，与周遭环境的浑然天成，更令人感动莫名。

回看台湾混乱的殡仪馆，再端详岐阜这座“冥想之森”斋场，我忽然觉得若能在此告别人生，是一件多么庄重与幸福的事。

---

data

冥想之森

Open hours：每日 09:00~09:30（1 月 1 日不开放参观）
2 人以下可直接进入，3 人以上团体须一周前事先 email 申请。

www.city.kakamigahara.lg.jp/shisetsu/2947/1311/001600.html

德国

柏林火葬场

Krematorium Berlin

生命的森林

相较于伊东丰雄的冥想之森，柏林火葬场虽然同样宁静庄严，却流泻出更多生命的哲思。这座火葬场位于德国柏林一座古老墓园内，入口处的古典建筑昭示着这座墓园的历史久远，但是入园后，迎面而来的却是一座现代简洁的方形建筑，连植栽树木都整齐划一，透露出德国人的理性与务实。

打开沉重的金属大门，走进火葬场室内，马上被充满诗意的空间所魅惑，整个大厅有如一座森林，混凝土的圆柱不规则地散布在大厅内；圆柱顶的圆洞透入光线，有如森林树梢叶缝泄下的光线。所有人一进入火葬场大厅，顿时被一种静谧的氛围所笼罩，心思意念整个安静下来。

混凝土圆柱所构成的森林中央有一座水池，水池上方悬挂着一颗蛋形物体，让人联想到生命的起源与衍生，具有某种哲学性的象征意义。最特别的是，来到这座森林般的火葬场，没有人感到恐怖或惧怕，只觉得庄严与宁静！

森林大厅周遭有三座大小不同的礼拜堂，是让家属举行追思礼拜的空间。火葬场并不在大厅，而是位于地下室。礼拜堂正前方有一方空间，专门摆放棺木，当追思仪式结束后，棺木便缓缓下降至地下室，直接送去火

化。如此棺木不必在大厅穿梭运送，所有仪式也都在安静庄严的秩序下完成；更重要的是，遗族与未亡人的心得到安慰并因此沉淀，可以重新面对人生。

一位朋友在参观这座火葬场时，竟然感动得哭了。她想到自己在台湾参加父亲葬礼时，因为现场混乱吵闹，她在漫长的法事之后，急着奔去看她父亲的火化骨灰，又因为担心骨灰被弄错，内心又急又慌，那个混乱的场景一直停留在她记忆里，成为心中永远的痛！

当她来到这座光线的森林中，虽然忆起了昔日的伤痛，但是宁静的氛围与光线，却适时抚慰了她内心的伤痛。她在父亲火葬那天未能整理沉淀的思绪，终于在柏林的火葬场中得到完整的梳理。

同样是火葬场，却为悼念者带来截然不同的心情。我很庆幸这位友人来到这里，却也为台湾火葬场诸多混乱、荒谬的现象感到遗憾。

其实人们之所以惧怕死亡，最大的恐惧不在死亡本身，而是对于死亡的未知。我常想，如果有设计优良的火葬场、葬仪空间，不仅可以给遗族带来安慰，也让参观者有机会安静思考生与死的课题。

---

data

柏林火葬场

krematorium-berlin.de

Part 5

Architectures of the Soul

Architectures of Abstinence

重新归零的场所

· 法国：里昂 | 拉图雷特修道院

· 美国：伊利诺伊州 | 范斯沃斯住宅

· 日本：长野 | 高过庵 · 飞空泥舟

· 丹麦：哥本哈根 | 方舟美术馆

· 日本：京都 | 光庵

Architectures of Abstinence

5-1

修道院与玻璃屋

拉图雷特修道院 | 范斯沃斯住宅

我常想象她居住在玻璃屋中的情景：简洁的房子，没有空间囤积任何多余的物品，放眼望去只有如茵草地、绿树环绕，几乎与世隔绝……这就是一间完美的修道院。

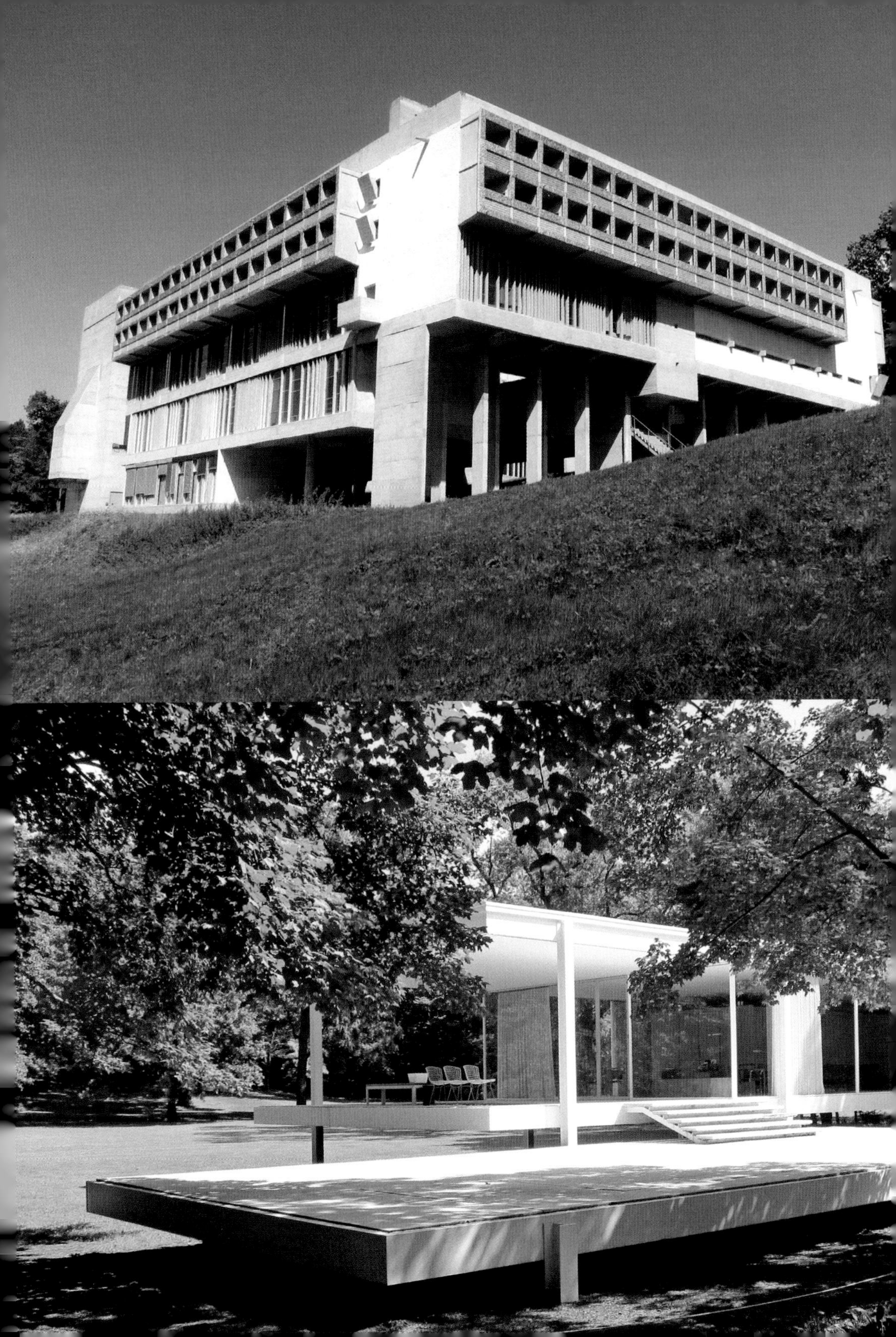

鱼肚子里的修道院

《约拿书》里最有名的故事讲述了一名被大鱼吞到肚子里的先知，这位称为约拿的先知，因为上帝要他去罪恶之城尼尼微宣讲悔改的道，他认为尼尼微的人罪大恶极，根本不值得去呼吁他们悔改，因此抗拒上帝的命令，自顾逃跑搭船远去。想不到海上遇到暴风雨，船几乎要沉了，他知道上帝是针对他来的，因此要求船家将他抛入海中，暴风雨果然就止息了。

后来上帝安排一只大鱼吞下约拿，他在大鱼肚子里待了三天三夜，终于改变他的想法，结果大鱼就把他吐出回到地面上。对于先知约拿神奇的遭遇，后来也被运用到小木偶的故事里，不过我一直最好奇的是约拿待了三天三夜的鱼腹空间，到底这段时间发生了什么事？待在那样的空间里会是什么感觉？

我喜欢去博物馆欣赏恐龙化石，特别是那些巨大骨头所组构成的壮丽空间，有如宏伟的哥特式大教堂的结构。每次站在恐龙骨骸下方，或是仰望悬吊于天花板的鲸鱼龙骨，都觉得自己是置身于一座设计精巧的建筑内。

乔纳在大鱼的肚腹中三天三夜，应该也有这样的空间体验，只不过这个空间对他而言是座修道院，是他无法逃离的禁锢之处，也是他体验孤独与艰难的受苦之处。鱼肚子里的封闭孤独，让先知乔纳不得不面对他人生重要的课题。在这三天三夜之间，他的内心或有挣扎，或有抱怨难过，但是当他慢慢安静下来之时，孤独让他可以不受干扰地梳理他内心的情绪，最后让自己思绪转变，从之前的矛盾冲突中走出来，同时也从大鱼的肚腹中绝地重生。困境中的鱼腹修道院于是转变为一座充满赞美的哥特式大教堂。

有时我们的人生也会陷入困境，觉得像是被拘禁在牢笼一般。但是孤单的牢笼经常是我们修炼的场所，等我们重修了这项功课，牢笼便会开启，天光射入，转变为明亮、充满赞美的美丽异境！

攻克己身的禁欲建筑

我一直认为柯比意的拉图雷特修道院（Couvent Sainte-Marie de la Tourette）与密斯的玻璃屋——范斯沃斯住宅（Farnsworth House），本质上是一致的，都是一种攻克己身的禁欲式建筑。

事实上，安藤忠雄在大阪所设计的小建筑“住吉的长屋”，也是一种禁欲性格强烈的住宅建筑。住吉的长屋以清水混凝土墙，将自己围限在狭窄的空间里，隔绝了外面世界的混乱与丑陋，只以中庭与天（大自然）

相联系。住吉的长屋内真的是家徒四壁，举目所见只是混凝土墙，连客厅座椅也是混凝土所灌注。住在屋内的人，真的犹如住在牢房中一般。

但是屋主却甘之如饴，唯一不方便的是，住在这栋建筑里，不能拥有太多的欲望。每次出门逛街，看到喜欢而想购买、拥有的事物，就必须割舍此欲望；因为东西买回去，肯定没有地方可以存放。想要长久居住在此，想必已经练就了禁欲的功夫，这是建筑对居住者的强烈影响。（这座建筑得奖时，很多人认为应该把奖颁给住户，而不是建筑师。因为住户长久居住于此，忍受了许多不便，却没有改造这栋建筑，让这座建筑保有当年建筑师设计时的纯粹性，实在精神可嘉！）

修道者基本上多以禁戒肉体私欲的扩张，来专注在灵性的层面上。使徒保罗在《哥林多前书》中提到“攻克己身，叫身服我”；事实上，这并不是中世纪禁欲主义所宣示的肉体罪恶论点，而是认为你的人生若是任由肉体私欲控制牵引，你就无法致力于灵性的追求。所以修道者无不尽量舍弃物质的耽溺，控制自己的欲望，让自己可以专心于心灵的层面上。

耶稣时代的先知施洗约翰，被形容是“在旷野传道，身穿骆驼毛的衣服，腰束皮带，吃的是蝗虫野蜜”。他不在华丽的殿堂里传道，而是在自然狂野的自然环境里，以自然的材质制作衣物穿着，吃的食物也是自然界里的原始食材，完全是一种纯粹与自然的生活方式，将生活的基本需求降到最低，减少物欲的控制，才能专心修道传道。

所以修道院的设计，类似监狱，修道院中的个人起居室非常狭窄简陋：只有一张床、一张椅子、书桌与台灯。他们集体按着规律行动：一起吃饭，一起祷告读经，当然也有个人静默的时间。进入修道院生活，基本上就有如进入监狱一般，狭窄的个室，对高个子而言不够长的床铺，以及隔绝外界干扰的围闭空间……等。唯一不同的是，监狱是被迫进去的，修道院里的人却是自愿进入的。

法国里昂

拉图雷特修道院

Couvent Sainte-Marie de la Tourette

草坡上的航空母舰

如果建筑迷到法国南部，一定要去看建筑大师柯比意的三大经典作品：朗香教堂（p.102）、马赛公寓和拉图雷特修道院，这几栋建筑也都被列入“死前一定要看的一百栋建筑”名单之中。

拉图雷特修道院位于里昂近郊，是一座很不一样的修道院，全部由混凝土所打造。整座建筑呈现内聚的空间，入口并不大（毕竟这不是观光大饭店或美术馆），基本上反而比较像是一座监狱，但是其高挑的底部，让它在草坡上有如一艘轻盈漂浮的航空母舰。修道院与航空母舰的确很类似，都是自给自足的微型城市，包含个人起居空间以及餐厅、教堂等公共空间，虽然居住在修道院并不如观光饭店般舒适豪华，但是拉图雷特修道院的餐厅却令我十分惊艳！

餐厅宽广空间可容纳上百人同时聚餐，朴实的桌椅空间一如预期，但是明亮的落地窗格栅，隐含着某种音乐性的韵律，透过落地窗望出去，可以眺望一直延伸到山脚下的整片山谷。这些修士们每天早上来到餐厅，吃着粗糙的黑面包，喝着牛奶咖啡，远眺窗外自然景色，虽然在物质面非常简单朴素，但是内心却丰富充实。

整座修道院最精彩的空间，是内部的教堂与祈祷室。柯比意巧妙地运用

天光，营造出室内近乎神秘的洞穴氛围；那些奇妙的光线，有如上帝的轻柔声，向那些愿意倾听的人说话。祈祷室里天光是由类似大炮般的采光筒射入，室内天花上涂刷红、黄、蓝三原色，让整个祈祷室泛着鲜艳的光影。这样的设计手法，基本上是受到荷兰画家蒙德里安（Piet Cornelies Mondrian）的影响。鲜艳的三原色经常出现在柯比意的建筑里，为他灰白的混凝土室内空间增添视觉的活力与愉悦。

游走在修道院里，处处可以看见柯比意的设计巧思：例如楼梯转角处下方，设计了一个凹槽，内置钨丝灯，在夜晚可以照亮脚前，让修士们不至于跌倒，同时也让修士们想到圣经上的话："你的话是我脚前的灯，是我路上的光！"小教堂前的门扇上靠近门把处，绘有黑色图块，原来是因为这个部分经常触摸容易变脏，因此先漆上黑色；教堂内蜡烛台下方涂上黑色块状图案，也是为了蜡烛油滴下后，可以方便清洗。

目前修道院提供预约入住的体验，许多柯比意建筑迷或是一般观光客，都喜欢入住一晚，感受修道院的宁静与孤独。住在修道院的修士们，有如住在监狱里一般，但是他们的肉体虽不自由，心灵却自由飞翔！那些在大街上闲逛，受到物欲控制的人们，才是真正的不自由。

---

data

拉图雷特修道院

Open hours：个人参观须事先预约导览团，周日为主，夏天周间也开放，详细时间请见官网。团体参观可事先预约，全年周一至周六皆可。
修道院住宿须事先预约，仅提供单人房。八月和圣诞假期不开放住宿。

couventdelatourette.fr

美国伊利诺伊州

范斯沃斯住宅

The Farnsworth House

密斯的玻璃屋

建筑大师密斯的玻璃屋“范斯沃斯住宅”可说是超级经典的建筑名作，这座建筑也是极简主义最具代表性的建筑作品，是所有的建筑迷一生中一定要去朝圣的地方。

这座玻璃屋坐落在伊利诺伊州郊区的一处森林里，想要参观这座建筑的人，必须穿越蜿蜒的森林小径、潺潺的溪流，最后才会在树林深处绿色绒布般的草皮上，看见晶莹剔透有如珠宝盒的玻璃屋。这座建筑予人感觉非常不真实，似乎并不是地球上应该存在的东西。

整座建筑由钢骨和玻璃所组构而成，看不见任何装饰性的多余物件，既简洁又干净，连机械管线都被细心地收藏在看不见的地方，所谓的“极简主义”正是如此。极简主义的建筑师特别重视细节，因为只要细节没有仔细照顾好，很容易就让整座建筑“破功”，失去“极简”的意义，所以建筑大师密斯说：“上帝就在细节中。”（God is in the details.）

范斯沃斯住宅证明了“上帝就在细节中”这句话，但是这座简单漂亮的房子，却有着复杂又令人难堪的故事。最初的屋主是一位名为范斯沃斯的女医生，她因为仰慕建筑师密斯，请他帮忙设计一座位于郊区森林里

的周末度假小屋。但是经过多年精心设计的玻璃屋完工后，女医生竟然与建筑师闹翻，甚至向法院提告，闹得满城风雨。女医师认为这座建筑缺乏隐私，住在里面没有任何一处角落可以让她心灵放松、有安全感，她非常受不了！

缠讼多年后，法院最终判建筑师胜诉，毕竟这座建筑是经过和女医生沟通认可才施工的。有人推测双方最后不欢而散，其实和感情问题有关。无论如何，这些绯闻为玻璃屋增添许多故事性；女医生居住多年后，也将玻璃屋卖掉，但是这座建筑至今仍然以她的名字“范斯沃斯”作为官方名称。

女医生的确在屋里住了一段时间，我常常想象她居住在玻璃屋中的情景：简洁的房子里，并没有空间可以囤积任何多余的物品，放眼望去只有草地及环绕的绿树。基本上，这就是一间修道院，几乎与世隔绝，可以断绝世俗的干扰，是一处非常完美的修道场所。

可惜的是，对范斯沃斯而言，她终究无法根绝尘世的种种纷扰，这栋建筑并无法为她的心灵带来平静，甚至因为这座建筑是密斯所设计，反而经常“睹物思人”，让她最后不得不卖掉这座房子，才能真正得到安宁。

极简主义的玻璃屋并不适合所有人居住，入住者必须过着简单朴实的生活，不能有太多复杂的欲望，最好具有某种洁癖或神经质……事实上，还满适合医生这类职业者，可惜最后女医生还是无法居住其间。

或许这座建筑就像是干净明亮的天堂异境，所有人都向往居住其中，但是却不是拥有七情六欲的凡夫俗子所能长居，只适合上帝与天使来落脚休憩。

data

范斯沃斯住宅

Open hours：4 月～ 11 月的 10:00 ～ 14:00（周二到周五）；10:00 ～ 15:00（周末）
休馆日：周一、复活节的周日、7 月 4 日、12 月～ 3 月
farnsworthhouse.org

Architectures of Abstinence

5-2

侘寂的茶屋

高过庵 · 飞空泥舟 | 方舟美术馆 | 光庵

千利休说："茶道，就是找回清闲之心。"

追寻千利休的 Wabi-sabi

茶圣千利休可说是日本战国时代的美学大师，他的美学品味见解，连粗俗愚鲁的君王丰臣秀吉都不得不听他的；千利休为了坚持他的美学，多次忤逆君王的意见，他曾说："我只向美磕头！"让丰臣秀吉对他又爱又恨，最后还是将他赐死。

当时茶道十分流行，许多人都追随时尚，学习茶道、购买昂贵的外国瓷器，并且建造华丽茶屋，甚至出现黄金打造的茶屋，极尽奢华之能事。但是千利休却反其道而行，他的茶屋一点都不宏伟华丽，甚至可说是卑微窄小，材料简陋，但是却强调能与大自然合一。

千利休的茶屋基本上是一个存在于自然里的小宇宙。一叠半的狭小阴暗空间里，人们必须脱掉顶冠、拿掉佩剑，将世俗的功名、争斗放在门外，才可以进到茶屋，这样一间茶屋形成了一座与世无争的小宇宙，人们在茶屋里"一期一会"，享受当下的平静。

日本建筑师藤森照信是个奇妙的建筑师，他基本上是"反建筑"的建筑师。所谓的"反建筑"指的是"反对工业化大量生产的建筑产品"，强调回归传统手工打造建筑的做法。这几年他试图寻找日本最小的建筑，发现日本庭园里的茶屋，正是最小的建筑，因此他开始带着自己的学生，一起建造茶屋。

比起现在茶道的繁文缛节，藤森照信的茶屋更接近自然与真实，也更接近千利休茶道的真义。藤森教授的茶屋，利用自然材料打造，所有材料似乎都可以回归自然之中，人们在他的茶屋之中，也较不需拘泥于茶道的种种规定，可以开心尽兴地享受茶席，这样的建筑空间与材料，更接近千利休“Wabi-sabi”（侘寂）的境界。

日本长野

高过庵 / 飞空泥舟

高過庵・空飛ぶ泥舟

高空中的孤独茶屋

藤森照信除了为别人建造茶屋之外，也为自己盖了两栋茶屋："高过庵"与"飞空泥舟"。这两座茶屋坐落在长野高原茅野地区，藤森照信故乡的田地上。最早建造的高过庵茶屋，犹如童话中的小矮人住宅，或是双脚修长的水鸟怪兽，矗立在田野中。春天时植物茂密，生长旺盛，整个高过庵被绿意所包围，地上的野花盛开，一切似乎充满活力与生机。

要登上高过庵必须拿取长梯，爬上平台，然后从地板钻入茶屋内。茶屋内仅容一位主人煮茶奉茶，两位客人入席，但是窗户打开，居高临下、视野宽阔，几乎可以远眺远方的湖面。藤森照信教授自己平时居住在东京市区，但是每次回故乡，他总是会来到高过庵茶屋上，煮茶喝茶，享受故乡田野的自然悠闲。

有一年我到藤森教授家乡参访，正巧在田间遇见藤森教授的父亲，他热忱地招呼我们，甚至带我们到田边搬取长梯，架上高过庵，让我们实际登上茶屋体验一番。初次登上高过庵，并非想象中稳固，特别是在中段平台上，我们还必须先脱鞋才能进入茶屋，在脱鞋爬梯过程中，可以感受到茶屋的晃动，藤森老先生一直说着："没问题！没问题！"直到进

入小小的茶屋中坐定下来，才稍稍感觉到一丝平静。

后来藤森照信又建造了一座“飞空泥舟”，整座茶屋有如一艘船，其造型更像是一只河豚，利用柱子及缆绳，让茶屋悬浮在空中。想进入茶屋，也是要搬来梯子才能入内一窥究竟。冬日大地被冰雪覆盖，一片雪白中，只见茶屋漂浮在白色大地上，有如外星不明飞行物体降临，也充满了童话精灵世界的氛围。

藤森照信的茶屋，基本上与千利休的茶屋很类似，都不是那种王公贵族喜欢的大型华丽茶屋，也无法举办热闹的千人茶会，但是却可以让一个人或两个好友悠然安静地喝茶，是一种孤独的茶屋。

千利休说：“茶道就是要找回清闲之心。”最美的茶席，不在乎茶道的规矩，不在乎外在的拘束，在乎的是内心的清静。在藤森照信的茶屋中，人或许孤独，或许席间没有太多交谈，但是在安静孤寂中，心灵得以闲静下来，放下所有的纷扰，与大自然似乎融合一体。

---

data

高过庵·飞空泥舟（和“神长官守矢史料馆”为同建筑群）

Open hours：09:00 ～ 16:30

休馆日：周一、节日翌日（周一如遇节日，翌日也休馆）、12 月 29 日～ 1 月 3 日

mtlabs.co.jp/shinshu/museum/fujimori.htm

丹麦哥本哈根

方舟美术馆

ARKEN Museum for Modern Kunst

心灵救生艇

藤森照信的高过庵让我想起丹麦阿肯方舟美术馆的咖啡店，一个同样是高悬上方的安静空间。此美术馆可说是丹麦最著名的现代美术馆之一，虽非由世界级的建筑大师所设计，而是由一位当年才 20 岁的建筑系学生朗德（Soren Robert Lund）夺得设计权，令人刮目相看！

方舟美术馆建造基地位于海边不远处，设计建造之初，是希望建造出一种水边停泊船只的意象。事实上，若是从远方遥望美术馆，绵延的建筑体真的很像一艘乘风破浪的舰艇。不过最近因为泻湖淤积，在美术馆已经很难看到海边的水面了，因此最近美术馆正施作另一项工程，希望将周边开凿成运河水道，让美术馆成为孤岛；届时再利用入口桥梁进入馆内，让美术馆成为名副其实浮在水面上的方舟。

美术馆的设计是利用一道墙作为主轴延伸，好像方舟的龙骨一般，然后所有的空间从这道墙两侧长出，形成一座奇特的美术馆。美术馆最有趣也是整个美术馆最孤寂独立的空间，就是美术馆的咖啡厅。在美术馆庞大白色量体中，咖啡店黑色的量体显得十分突兀，有如轮船上加挂的救生艇一般。

我一直觉得美术馆的咖啡厅有绝对的必要性，因为当我们在美术馆沉浸于伟大美好作品时，总觉得有喘不过气的压力，过分的丰盛艺术飨宴让人需要时间消化；来到美术馆咖啡厅，让自己有个安静沉潜的空间与时间，重新咀嚼这些伟大的事物，也让自己可以透气重组思维。

我喜欢坐在黑色的咖啡厅里，因为咖啡厅是玻璃帷幕所组成，所以其内部其实十分明亮，视野也极好，可以望见远方的海面！这是整栋美术馆目前唯一可以看到海的地方。在这个独立的空间里，思绪因为远眺而显得活泼有力，原本积沉的僵固框架似乎立刻被打破，所有的思考数据又突然可以随意翻搅重新组合。

美术馆咖啡厅作为“救生艇”的隐喻，似乎传达了美术馆咖啡厅的另类功能，意即“脑部思考活动的救生艇”。我们太习惯于参观美术馆、学习美术知识与历史理论，却很难跳脱出传统的思维，创造出另一种创作的想象。阿肯现代美术馆的咖啡店不仅在造型上像是“救生艇”，它也成了我们在传统严谨学术思维下的“心灵救生艇”。

我们的生活中，都需要为自己建造可以安静心灵的茶屋，可能是一个房间、一个阳台，一个简单的角落，或是喝一杯咖啡的咖啡馆，在那个心灵的茶屋里，让自己安静孤独，寻回内心的平安与力量。

data

方舟美术馆

Open hours：10:00 ～ 17:00（周二至周日）； 10:00 ～ 21:00（周三）
休馆日：周一及特殊节日（详见官网）
arken.dk

VÆGTEN AF LYSET
SENDT FOR AT HVILE
FRA OVEN
PÅ SKUMMET
FRA BØLGERNE PÅ HAVET

日本京都

玻璃茶屋／光庵

ガラスの茶室－光庵

极简主义的玻璃茶屋

在明媚的春光中，我再次来到了京都，好像候鸟般回巢，这座城市一直都是许多人的心灵故乡，灿烂的樱花总是在春天迎接着旅人们的再度光临，我们在古都享受春光以及城市的典雅古意，然后相约明年一定要再来。人生能有几回樱花树下风吹雪？只能好好把握当下，享受樱花的短瞬之美。

中午时刻，我们在古都特别越过人潮拥挤的赏花区，来到山科区东山上的将军冢青莲院青龙殿。青莲院青龙殿这几年建造了大舞台，仿效清水寺的悬空舞台设计，但是面积更大（4.6倍）、视野更广（67米高），有一种与清水寺较劲的意味。设计师吉冈德仁所设计的“玻璃茶屋／光庵”，自2015年4月9日起，在此限期展出一年，我们刚好在玻璃茶屋展出结束前的最后时刻造访。

日本的茶屋一直强调着与自然的共存共生，因此从千利修以来，茶屋一直以古朴的形象呈现，材料也多使用木材茅草等自然材质；即使如前文中介绍之藤森照信的现代茶屋，虽然将日本茶屋建筑重新诠释，但仍旧使用最原始自然的材料，并运用传统的工法来打造。

然而吉冈德仁却大胆地使用光学玻璃为材料，以十分之一的比例，设计

建造了透明的现代茶屋，展现出另一种日本文化思想中，与大自然融为一体的精神再现。玻璃茶屋安置于大舞台的正中央，犹如特别为玻璃茶屋打造的空间；茶屋主人进入玻璃茶屋中，视线可以不被阻碍地远眺青山绿水，真正与大自然合而为一。当光线照射在玻璃茶屋上，会折射出不同的光芒与彩虹；不同的时段、不同的天候，所呈现出的光线都不同。有形又似无形的存在，让人体悟到茶道“一期一会”的真谛。

虽然是玻璃茶屋，但是入口依旧是低矮的，和传统茶屋没有两样——强调所有人进入茶屋，必须脱下帽冠、取下武士刀，将世俗上的阶级地位抛在脑后。进入茶屋这个小宇宙里，所有人都是平等的，那是一个类似乌托邦、时间静止的时空。

吉冈德仁的玻璃茶屋，在青莲院青龙殿只展出一年，2016 年春天樱花凋谢后，玻璃茶屋已被搬走，好像樱花的灿烂短暂一般。虽然这座大舞台可以说是最适合玻璃茶屋的地方，玻璃茶屋移走之后，整个大舞台将失色不少。

极简主义的极致

吉冈德仁的玻璃茶屋让人联想到密斯的玻璃屋——“范斯沃斯住宅”（p.168），然而相较于密斯的玻璃屋，吉冈德仁的“光庵”更是极简主义的极致作品，整个玻璃茶屋基本上只是一座玻璃容器，甚至更像一个玻璃笼子。对欧美人士而言，可能会因为空间狭小而引发“幽闭恐惧症”，但是日本人早已习惯狭窄、简单的生活空间：没有任何家具，没有多余的物品，可说是真正的极简主义。

这样的空间精神，深植于日本人的生活记忆里。玻璃茶屋基本上就是一个超级极简空间，人们在其中喝茶，学习不被杂物杂事干扰，静心专注于大自然与内在的自我，并找回人与人之间那种单纯的情谊。

吉冈德仁的“玻璃茶屋／光庵”可说是日本极简主义的典范。著有《我决定简单的生活》的日本作家佐佐木典士认为，传统上日本人就是极简主义者。日本人的居住空间不大，但是室内空间总是简单干净，没有太多的东西。对日本人而言，成为一位极简主义者并不是件困难的事。建筑师安藤忠雄就是个不折不扣的极简主义者，他的清水混凝土就是极简主义的究极表现，而他的经典住宅设计“住吉的长屋”也有如日本茶屋的再版。

连苹果公司创办人乔布斯也是因为着迷日本禅学，重视修行与冥想，造就他成为一个极简主义者。他所设计的产品，基本上就是极简主义风格：干净洁白，毫无多余的对象。iPhone 上只有一个按键，整体轻薄短小、简约流线，这样的设计反而受到生活混乱、心灵繁杂的现代都市人所喜爱。苹果的产品几乎就是现代人生活里的禅意道具，你可以想象若将iPhone或iPad放在玻璃茶室里，几乎就是一幅毫无违和感的和谐画面。

玻璃茶屋毕竟是极简主义空间的极致，一般人恐怕难以真正居住其中。但是“光庵”却是一个对现代人的提醒：提醒我们不要再沦为物质主义的奴隶。正如电影《搏击俱乐部》中的台词：“你拥有的东西，到头来反而拥有了你。”极简主义的生活，挣脱物质的束缚，会让你心灵更轻松，更能内省，认识真正的自我，从而得到更幸福的人生。

---

data

玻璃茶屋 / 光庵

展期：2015年4月9日至2016年4月8日（已结束）

tokujin.com

---

data

天台宗青莲院门迹

Open hours：09:00 ～ 17:00

shogunzuka.com

Part 6

Architectures of the Soul

Architectures of Introspection

探照心灵的场所

- 日本：直岛 | 直岛钱汤
- 日本：加贺 | 片山津温泉街汤
- 芬兰：赫尔辛基 | 宁静礼拜堂
- 美国：圣地亚哥 | 沙克生物研究中心

Architectures of Introspection

6-1

汤屋小宇宙

直岛钱汤 | 片山津温泉街汤

日本人认为澡堂是神秘的小宇宙，是与现实生活迥异的世界，所以传统日本的澡堂建筑，正立面入口使用名为“唐破风”的屋顶形式，与殡仪馆相同。因为他们相信，通过“唐破风”就等于进入另一个世界。

澡堂异界

泡汤是一件神奇的人类行为，它不只是单纯的身体清洁与消除疲劳的活动，事实上，它也是激烈的心智活动。我经常有一种奇妙的感觉，好像每次思考陷入困境的时候，丢下一切跑去泡澡，将自己沉浸在蒸气烟雾中，让肉体在热水包围中放松，而思虑在这个时候反而敏锐了起来，许多原本想不通、想不懂的问题，突然有如灵光一闪般，突然都想通了！正如物理学家阿基米得在澡盆中领悟物理原理一般。

日本文学家也是如此，许多文学家都必须泡温泉，才可以让僵固没有灵感的脑袋重新启动。岚山光三郎的繁体版著作《噗通~从温泉出发的近代日本文学史》一书中有如此的描述："连续赶了几天稿子，全身连骨头缝隙都塞满如蚂蚁的文字，而这些文字因为热水全都化开，溶解在血肉之中。"随着温泉从地底涌出，文学家们在泡温泉时，伴随着温泉热水、汗水，脑中的写作灵感也文思泉涌。

日本人认为澡堂是个神秘的小宇宙，是与现实生活迥异的世界，所以日本澡堂建筑有着奇特的入口意象。传统日本的澡堂建筑，正立面入口部分使用"唐破风"屋顶形式，与殡仪馆的入口屋顶形式相同，因为他们相信，通过"唐破风"的入口，就等于进入另一个世界。殡仪馆是到另一个死亡的世界，而澡堂也是进入另一个烟雾水气缭绕的神秘世界。电影《送行者》恰好每天都经过这两个空间，电影主角白天瞒着家人在殡仪馆工作，晚上回家前，总会到澡堂洗澡，说是要洗去死人的味道，以免回家被老婆发现异状。

《体验泡澡》（繁体版）一书的作者李欧纳·柯仁在书中提出了什么是“关于美妙的泡澡环境”的定义，他认为“浴室是能够帮助人重新凝聚基本自我的地方，一个唤醒自我的地方，得以回归质朴、感性、无偶像崇拜的内在本性”。

宫崎骏的《千与千寻》动画中，巨大的汤屋建筑令人印象深刻，而巨大肮脏的河神到汤屋里泡澡，洗出成堆的垃圾与污泥，最后幻化成轻盈的白龙飞向天际。泡澡的时刻具有某种净化的功能，不仅是身体上的净化，同时也让心灵得到某种程度的净化，让人的贪念恶欲暂时放下，沉浸在一种纯净、质朴的原始状态。因此许多宗教强调沐浴净身，多少显示了泡澡的净化功能。人们在净身之余，也试着放下心里的罪恶，让缠累心灵的重担可以除去，重新给自己一个轻省的内在。

日本许多传统澡堂都已经消失殆尽，仅存的几家传统澡堂多已保存或作其他用途，例如东京古根千具有两百年历史的澡堂“柏汤”就被改造成美术馆“SCAI The Bath House”，成为东京热门的艺文展览场所。

日本

直岛钱汤

直島銭湯

I ♥湯

另一座有名的汤屋，则是位于濑户内海直岛上的“直岛钱汤”，这座钱汤是福武集团为了回馈地方，请来艺术家设计建造的，充满了前卫艺术性格，与传统钱汤感觉截然不同，却也增添了钱汤泡澡的趣味与新意。

艺术家大竹伸朗先生多次参与濑户内艺术季活动，他设计建造的建筑物，都呈现出一种俗艳的趣味性与庶民的亲切感，我们姑且可以将之称作是“陋器建筑”（Low-tech Architecture），意即“用现成器物所拼凑组成的简陋建筑”。

大竹伸朗先生喜欢捡拾各种奇怪的废弃物，用来装饰他的房子，之前他在本村“家计划”艺术空间中，曾创作一座旧齿科医院，并将它命名为“舌头上的梦”。这座建筑墙上装满各种捡拾来的旧招牌、废弃物，甚至有废弃船只也被装在外墙上，室内更有一座巨大的自由女神像，据说是从一家停业的柏青哥店捡来的。

位于直岛宫浦港旁的“I ♥湯”，则是一座充满俗艳色彩的钱汤，原本是福武先生所拥有的房子，但是他捐出来，请艺术家大竹伸朗及 graf 设计公司改造，成为一座供居民洗澡泡汤的公共建筑，并由居民自组委员会管理，算是福武集团对当地小区的回馈。

I

在“I♥湯”建筑上，大竹伸朗先生装置了许多霓虹灯、异国情调的装饰物，甚至船只的构造物，以及绿色植物等。最有趣的是一只巨大的大象模型，被放置在男汤、女汤之间的围墙上方，监视着裸身泡澡的男男女女。“I♥湯”实在太好玩了！它成了小区居民重要的社交场所，同时也成了来直岛旅行的游客一定要去经历的空间体验。

我也曾经入内泡汤，享受跳岛旅行难得的舒爽与放松，边泡澡边看着天花板的天窗，阳光照射入内，刚好照在那只大象脸上，让人有一种置身土耳其浴场的异国风情。泡完澡后，买一瓶直岛特产的盐味汽水，喝完觉得通体舒畅！

回馈小区居民的方法很多，有的地方会盖美术馆，有的地方会兴建活动中心，但是对于直岛的居民而言，一定会认为盖一座钱汤比建一座美术馆更实际，也更有意义！

---

data

直岛钱汤

Open hours：14:00 ～ 21:00（周间）；10:00 ～ 21:00（五六日）
休馆日：周一（如遇节日则隔日休馆）
benesse-artsite.jp/art/naoshimasento.html

直島
NAOSHIM
SHIO CIDE
塩
サイダ

日本加贺

片山津温泉街汤

片山津温泉 総湯

庶民共享的大师级街汤

最近到日本旅行，泡了一次非常特别的温泉汤——片山津温泉街汤。之所以感觉十分特别，一方面是因为这座汤屋是由日本国际级的建筑大师谷口吉生所设计；另一方面则是因为这座汤屋竟然是公共汤屋，或称“街汤”（City Spa），当地居民及游客只需付极少的费用，就可以享受泡汤的乐趣。

片山津温泉坐落在柴山泻湖边，景观十分优美！泻湖是海水引入而成，因此当地的温泉带有咸味，早在江户时期，贵族狩猎至此，就发现了这里有如此优质的温泉汤，因此整个温泉乡就慢慢发展下来。

片山津温泉街汤，是一座当地的公共温泉，却是大师级的作品。玻璃盒子般的建筑，风格十分极简现代。事实上，这座温泉汤屋与建筑师谷口吉生在东京葛西临海公园的瞭望广场建筑，有异曲同工之妙！同样是玻璃盒子包着一个混凝土盒子，同样可以眺望海景，只不过片山津温泉街汤的建筑规模小了一些。

街汤建筑一楼是泡汤空间，分为“森之汤”和“泻之汤”。看海的“泻之汤”当然优于看树林造景的“森之汤”，为了公平起见，男汤跟女汤每天互换，所以今天泡“森之汤”，明天就可以泡“泻之汤”。谷口吉

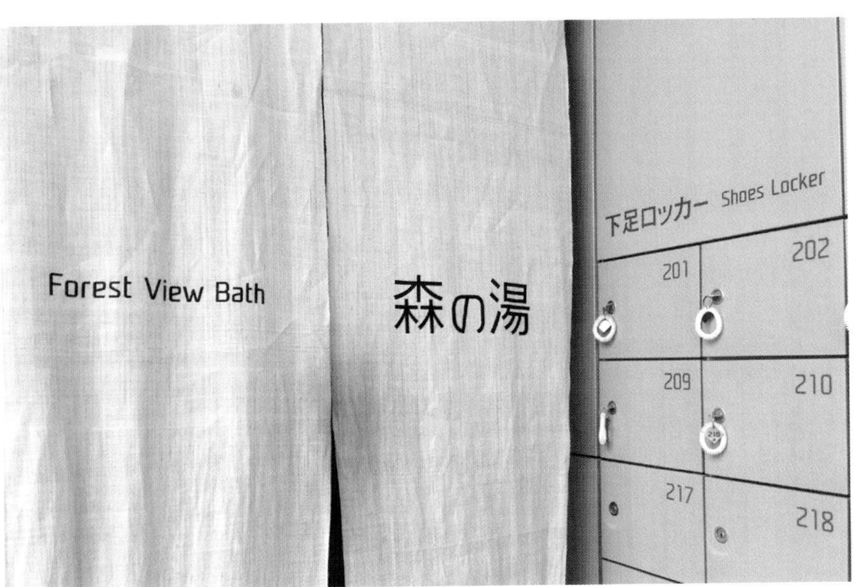
Forest View Bath
森の湯
下足ロッカー Shoes Locker
201
202
209
210
217
218

生设计的汤屋，可以很舒服地边泡汤边眺望泻湖海景，充满着浪漫诗意。而二楼玻璃屋内则是一般餐饮空间，可以在泡汤后，喝杯清凉饮料，欣赏优美的景色。

最让人惊喜的是，一般的温泉乡都被各大温泉饭店所占据，一般人若想享受温泉与美景，就必须花大钱进饭店才能享受。但是片山津温泉街汤坐落在泻湖畔的最佳位置，设计也与大自然调和，又出自国际级建筑大师之手，却只要少许费用就可以使用，可说是极具“公共性”的汤屋。对于那些不想麻烦进汤屋的人，片山津温泉的公园内，还设有“足汤”让游客泡脚。

温泉与自然美景本来就是上天所赐，不应该被少数有钱人所独占，而是属于所有人。不论富贵贫贱、男女老弱，在公共汤屋中大家裸裎相见，卸下阶级的傲慢与自尊，一起享受上天的恩赐，这是何等美好的大同世界。

每天傍晚，就看见当地小区居民，带着毛巾漫步到温泉汤屋，然后边泡温泉边享受湖光山色之景，这样的温泉乡生活，的确令人十分羡慕！

---

data

片山津温泉街汤

Open hours：06:00 ～ 22:00
休馆日：偶有临时休馆
sou-yu.net

男湯
Men
まち
ゆ

Architectures of Introspection

6-2

寂静的绿洲

宁静礼拜堂｜沙克生物研究中心

这样的宁静在闹区中显得格外珍贵，所有的人都小心翼翼、屏气凝神，看着天光从屋顶周围天窗泄下，仿佛上帝正在向你说话。

归回安息

我很喜欢意大利超现实主义画家基里科（Giorgio de Chirico）的画作，特别是他所绘制的意大利广场、拱廊、车站，以及雕像，那些空间总是在西斜的阳光映照之下，拉出长长的黑影——有的人影好像在奔逃，有些人影似乎是伫立着观看，有些人影则像是午休时间偷溜出来玩耍。广场上渺小孤单的人影，让人有一种处于古文明废墟里的孤寂感，甚至有人感觉那些人影根本就是幽魂，出没于灭亡的庞贝古城。

很多人觉得他的画作古怪荒诞，令人害怕惊惧！但是我却爱他的画作，爱他画作里的孤寂与静默：车站上大大的时钟，有如静止一般，是一种死亡般的肃静与庄严；广场上的人影让人分不出是雕像或是真人；看着远方冒着白烟疾驶的火车，却听不见丝毫的汽笛声……这一切似乎告诉我们，人世间找不到真正的安静，唯有死亡，才能有真正的静默与安息。

“你们得救在乎归回安息，得力在乎平静安稳。”

人们唯有在安静中，才有可能有平静安稳的心，也才能够重新得着生命的能力。我们都需要给自己一个空间，让躁动的心安静下来，体会灵魂深处的疲倦以及不断累积的焦虑，不再去定别人的罪，也要停止对自己的控诉，善待自己，不要再苛责自己、要求别人，在安静的空间里，回归慈悲的心灵。

世界上其实有两座广场具有安静的空间特质，一座位于芬兰赫尔辛基的都会广场内，那里有一座寂静的小教堂；另一座寂静的广场是建筑大师路易·康所设计，位于南加州拉荷亚（La Jolla）的沙克生物研究中心。

芬兰赫尔辛基

宁静礼拜堂

Kampin Kappeli

寂静的教堂

芬兰原本就是个宁静的国家，湖泊、森林与野生动物似乎就是这个国家的代表事物。但是首都赫尔辛基还算是个大城市，虽然闹区没有摩天大楼林立的都会感，但是在火车站附近的街区，仍旧充满商业购物中心、名牌旗舰店等热闹建筑。特别是在纳瑞卡托瑞广场附近，更是经常购物人潮拥挤，各种商业推广活动不断，这个地区对于从小在森林湖泊环境中成长的芬兰人而言，可说是过分的热闹与喧嚣。

2012年在这座热闹的广场角落，建造了一座被称作“宁静礼拜堂”（Chapel of Silence）的康比教堂，这座教堂全部以木料打造，没有窗户，外形呈现圆弧曲线，有如一颗松鼠收藏的栗子放大版，放置在广场边缘，非常符合北欧自然质朴的简约美学。

康比教堂虽然属于路德教派，但是他们并不会在此举办任何宗教礼拜活动，反而开放给各个不同教派、不同宗教，以及不同种族信仰者入内静思。事实上，这座“宁静礼拜堂”标榜的是“让人可以安静，享受宁静的教堂”，这座教堂也的确成为热闹城市中的心灵绿洲。

进入这座教堂，最重要的是保持安静！木质的圆弧包覆式空间虽然有吸

MTK

音的效果，其实也让声音得以轻盈回荡，因此大家进入其中，都必须轻声慢步，安静的空间似乎连一根针落地都可以清楚听见，更不要说是照相机的快门声，听起来格外刺耳。因为这样的宁静在闹区中显得格外珍贵，所有的人都小心翼翼、屏气凝神地进入殿堂里，看着天光从屋顶周围天窗泄下，似乎是上帝正在向你说话！

许多人在家里、在工作地点、在生活周围里，找不到可以让心灵安静的空间，因此来到这座绿洲般的“宁静礼拜堂”，他们生命中或许遭遇难处困苦，或许陷入进退维谷的窘境，这里成为他们可以让心灵安静的空间，或许在沉淀心灵混乱杂质之后，生命可以有所改变，找到新的出路与救赎。

---

data

宁静礼拜堂

Open hours：08:00 ～ 20:00（周一至周五）；10:00 ～ 18:00（周六日）
helsinginkirkot.fi/en/churches/kamppi-chapel-of-silence

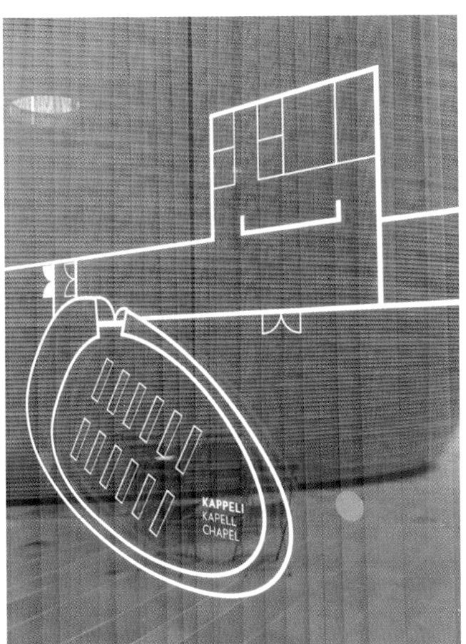
KAPPELI
KAPELL
CHAPEL

美国圣地亚哥

沙克生物研究中心

Salk Institute for Biological Studies

静谧与光明

沙克生物研究中心是美国建筑大师路易・康最经典的作品之一，这座位于南加州拉荷亚海边的科学研究机构，由乔纳・沙克博士（Jonas Salk）所创办，沙克博士曾经以发明小儿麻痹疫苗而闻名，他在1950年代末期特别邀请路易・康来设计这座研究所。

沙克博士的妻子是一位艺术家，因此沙克博士长久以来也对艺术活动多有涉猎，他希望能将艺术带到研究所冷静理性的领域里，因此对路易・康所设计的研究所建筑之要求，就是要设计出一栋可以吸引艺术大师毕加索前来的建筑。

路易・康的建筑设计哲学以“静谧与光明”（Between Silence & Light）为主轴，由两排清水混凝土的研究机构建筑，围塑出一个长形的广场，广场中央无任何装饰或雕像，唯一只有一条水道，从水源涌出的水池延伸至西边，这条水道构成的轴线，在春分秋分之际，将与太阳及月亮构成一条直线。

路易・康所塑造的广场，呈现出一种安静、理性的氛围，让研究人员在此活动，不至于被干扰或分心，而能继续其脑中进行的研究思考。事实上，整个沙克生物研究中心犹如一座修道院，极其庄严肃穆，静默与理

性；研究人员的身影犹如修士一般，在广场上留下长长的、寂静的黑影，令我联想到超现实主义画家基里科绘画中所呈现的意大利广场。

这座广场的功能，除了让研究人员可以偶尔离开孤单的研究室，出来与别人互动交谈之外，最重要的是，让研究人员可以在此安静、理性的广场空间思索、漫步。安静默想是修道院修士的基本修炼项目，而漫步则是帮助思考的动力之一，路易·康在广场周边一楼墙面上，还设计了多面黑板墙面，方便研究人员在广场上思考时，可以随时将灵感写在黑板墙上，甚至沙克博士也喜欢利用这些黑板墙，直接与研究人员讨论研究内容。

罗马的广场大多是热闹与喧嚣的，但是路易·康的广场却是安静的、孤独的，有如废墟一般，在这里人们停止了世俗的纷扰，沉浸在理性的思考之中，这样独一无二的广场空间设计，是这个纷乱的世界所需要的。

春节过年时期，我逃避了台湾过年的种种拥挤纷乱，来到南加州的沙克生物中心。宁静的广场，只有光影的移动与变幻，我坐在水池边，望着延伸至天边的水道，将过去一年的内心纷扰作一次整理，让自己的心在静默之中重新苏醒。

---

data

沙克生物研究中心

导览：12:00（周一至周五，须预约）
salk.edu

Part 7

Architectures of the Soul

Architectures of Peace

和平的场所

· 德国：柏林｜欧洲受难犹太人纪念碑

· 美国：纽约｜罗斯福四大自由公园

· 日本：长崎｜原爆死难者追悼和平祈念馆

· 德国：柏林｜和解教堂

Architectures of Peace

7-1

意识与悲剧的纪念碑——

欧洲受难犹太人纪念碑｜罗斯福四大自由公园

人类喜欢竖立纪念碑，其实与记忆有关。若是记忆可以借此传承，即便只是几百年，都会有人努力去立碑。

WELT

记忆的承载体

人类喜欢竖立纪念碑，其实与记忆有关。因为人类是健忘的生物，许多事经过多年后就逐渐被淡忘，加上人类寿命与宇宙的时间大洪流相比，只能算是有限的瞬间，发生过的事件，再怎么刻骨铭心，很快也会被遗忘失去踪影。人们立碑，是希望在时间洪流中留下些许记号，让记忆得以被提醒，后代可以记住这些事情。因此自古以来，人们多以石头、金属来立碑，为的就是以恒久的物质来弥补人类肉体生命的短暂。石头终究也会风化，不过若是记忆可以传承，即便只是几百年，都会有人努力去立碑。

过去的纪念碑多以高耸独立的石头方式呈现，但是美国华盛顿特区的越战纪念碑却突破了传统，以凹陷的地景艺术方式，让人进入沉静的空间里体会并哀悼越战的牺牲者。这样的设计既没有高耸的碑体，也没有具象的雕刻，让所有保守人士惊讶且反感，最后只好在入口处加上一座越战军人的雕像才平息大家的争论。不过当人们进入并体验过这个空间后，开始感受到那股沉静与哀愁，很快就可以进入一种缅怀的氛围。

每次去华盛顿特区，最让人感动的不是高耸的华盛顿纪念碑，或是宏伟的林肯纪念堂，反而是低调沉静的越战纪念碑。我看到许多人在黑色大理石上寻找逝去者的名字，有的人甚至试图拓印碑上的文字。所有人在进入这座空间后，都不由自主地安静下来，默默地追念过去这段悲惨的战争，这样的设计手法颠覆了传统的纪念碑形式，也成为新时代纪念碑的趋势。

台湾最常见的纪念碑是对日抗战纪念碑以及“二·二八”纪念碑，这两个事件的确是国人百年历史里最大的悲剧，也是那个世代人们集体记忆之痛。过去台湾地区抗日战争纪念碑都以传统石碑方式呈现，但是“二·二八”纪念碑却采取竞图的方式产生，参与竞图者提出了许多令人耳目一新的提案。

其中年轻设计师王为河所设计的纪念碑最令人瞩目。明亮的玻璃建筑令人惊艳，而人们走入深陷的空间，也充满着哲思与诗意，走过这个纪念碑，可以感受到一种洗涤净化的氛围，令人有一种被救赎的感觉，十分特别！可惜这个设计案最后并未得到首奖，或许人们还是喜欢传统高耸尖塔的纪念碑意象。

这些年来，世界上最受瞩目的纪念性空间，当属柏林犹太人受难纪念碑林，以及美国纽约的罗斯福四大自由公园。这两座纪念性空间都是由当代知名的建筑师所操刀设计，柏林的“欧洲受难犹太人纪念碑”是解构主义建筑师彼得·艾森曼（Peter Eisenman）的作品，而“罗斯福四大自由公园”则是已故建筑大师路易·康的遗作，在他去世后多年，终于呈现在世人眼前。

德国柏林

欧洲受难犹太人纪念碑

Denkmal für die ermordeten Juden Europas

解构主义的石碑坟场

柏林是个充满历史记忆的城市，东西德统一之后，柏林展开了新一波的改造运动，企图建设一个欧洲中心城市，领导整个欧洲的发展。站在布兰登堡门旁，可以见到天际线上林立的大型起重机，以及满街闲逛的各国观光客，我左拐右闪，想要躲掉这一切混乱与吵杂，想不到竟然误入了一座类似坟场般的奇异空间。

那是一座宽广的都市广场空间，但是奇怪的是，广场上却布满了一块块灰黑色的石块，乍看之下，真的很像是一座可怕的坟场。到底是谁会在这座城市的正中心地点设计这一座坟场般的空间？他的用意又是如何呢？实在令人匪夷所思。

事实上，这座犹如坟场、又像是神秘巨石文明遗迹的广场空间，是一座犹太屠杀纪念区。这座由解构主义建筑师彼得·艾森曼所设计的纪念空间，充满着神秘感与令人难解的困惑感；好像其中故布疑阵似的，设计了许多隐喻或谜题，连许多研究建筑理论的专家学者，在面对艾森曼的作品时也感到困惑与不解。

建筑师艾森曼本来就是解构主义建筑师中理论最艰涩难解的一位建筑家，他引用哲学家雅克·德里达（Jacques Derrida）的理论，并加上

语言学、精神分析以及文学理论等，创造出一种令人困惑的谜样建筑世界，因此被许多建筑评论家贴上“反建筑”（anti-architecture）的标签。

撇开那些艰深的建筑理论，用直觉去感受艾森曼的作品，你将发现这座纪念空间也不是那么难以亲近。一开始看见这片由 2711 个石块构成的广场，会被整个场面震慑住，原本混乱吵杂的市区，空气似乎一下子凝结，内心不由得肃然起来。放胆走进石块广场内，穿梭在灰黑沉重的石块间，原本还看得见外面，无奈愈往广场中心走去，地面愈往下沉陷，石块也愈显高大，让人有身陷巨石块森林的恐惧感，或许这就是犹太人当年内心的恐惧吧！

逃出石块森林群，终于重见天日。坐在周边石块上，心情逐渐舒缓，才看见许多人面对这座石块群广场，都不由自主地陷入沉思，似乎在悼念着当年被纳粹残害的无数犹太人，也似乎在思索着生命的意义。我虽然还是不了解建筑师艾森曼的艰涩理论，但是我已经被他设计的纪念空间所深深感动。

---

data

欧洲受难犹太人纪念碑

Open hours：碑林（Stelae）24 小时开放。特展开放时间参见官网。
stiftung-denkmal.de

美国纽约

罗斯福四大自由公园

Franklin D. Roosevelt Four Freedoms Park

自由的真义

现代建筑大师路易·康是美国近代建筑史上十分受人尊敬的建筑师，他不像建筑师赖特（Frank Lloyd Wright）那般塑造风光英雄形象，也没有贝聿铭那样善于交际应酬，因此他的建筑生涯低调谦虚，甚至有点落魄可悲。特别是这样的大师最后竟然死在纽约宾州车站（Penn Station）的厕所里，死时没有人知道他是建筑大师，尸体放在停尸间两天后才找到他的家人来认领，令人唏嘘不已。

路易·康在1974年过世，他为纽约设计的罗斯福四大自由公园，却一直到他去世后将近四十年才完工开幕，等于是他最新的遗作，令人十分惊奇！这座公园位于东河的罗斯福岛上，因为登岛不易，虽然是在纽约大都会旁边，却犹如一座与世隔绝的孤岛，过去只有特别的疗养院、精神病院甚至监狱，才被设置于此。许多好莱坞电影都喜欢在此拍摄，因为这里有一种都市丛林中绝世孤岛的感觉。

不过现在的罗斯福岛已经今非昔比，搭乘缆车进入岛内，处处可见花木扶疏的绿地，宽广的棒球练习场，以及密度不高的公寓住家。整个岛成了退休族的最爱，而老旧的疗养院建筑则成为好莱坞剧组拍片的现成场景。罗斯福四大自由公园就位于长形岛屿的末端，路易·康利用地形，创作出一座呈锐角三角形的公园，三角公园两侧整齐种植两

FRANKLIN DELANO ROOSEVELT
1882 - 1945

排行道树，塑造出戏剧性的透视感，透视的焦点是一道墙，墙上有一尊罗斯福的雕像。

从罗斯福岛向右观看，曼哈顿摩天大楼楼群林立，河边更可以看见联合国大厦的身影，那是一个充满贫富差距、商业政治斗争，甚至种族歧视、监听恶战的世界。相较之下，布满绿色草皮和行道树的四大自由公园，显得十分平静与祥和。

走近雕像，进入墙后的小广场（Room），视线豁然开朗，广场由三面白墙围闭，只有一面开放，让人面向宽阔的河景，以及远方的大西洋，犹如一个可以看海的“房间”，心情也顿时开朗起来。路易·康的建筑空间总是充满着一种宁静的力量，站在公园顶端的小广场内，让人心境沉淀，陷入安静的思考。

白色的石墙上，刻着罗斯福提出的“四大自由”主张：“言论自由／宗教自由／免于匮乏的自由／免于恐惧的自由”。罗斯福四大自由公园让人暂时远离纽约大都会的纷扰喧嚣，可以安静地重新思考自由的意义。

---

data

罗斯福四大自由公园

Open hours：09:00 ～ 19:00（四月到九月）；09:00 ～ 17:00（十月到三月）
休馆日：周二；12 月 25 日
fdrfourfreedomspark.org

TURE DAYS WHICH
ORWARD TO A WORLD FOUNDED
UMAN FREEDOMS. THE FIRST IS FREEDOM OF
XPRESSION - EVERYWHERE IN THE WORLD. THE
EDOM OF EVERY PERSON TO WORSHIP GOD
Y - EVERYWHERE IN THE WORLD. THE THIRD
M WANT... EVERYWHERE IN THE WORLD.
REEDOM FROM FEAR... ANYWHERE IN THE

Architectures of Peace

7-2

和好的艺术

长崎市和平祈念馆 | 柏林和解教堂

柏林围墙的拆毁，象征着人与人之间的隔阂不再，人们可以和睦相处，不再敌对斗争；正如“和解教堂”前的铜像，两个人跪着抱头痛哭，互相认罪，互相饶恕，是真正的“和解”。

让心灵升华的建筑

和平纪念碑基本上就是要人们汲取教训，珍惜和平的得来不易，以及不忘记战争的残酷，但是“人类从历史上学到的教训就是，人类无法从历史上学到任何教训”。那些纪念碑、那些雕像，久而久之就成为人们熟悉的观光景点，成为人们自拍夸耀，欢笑嬉闹的场所，没有人真正会去面对历史，也没有人愿意去面对过去的伤痛，除非他们可以感同身受，除非他们真正体会到和平的可贵！

一般的和平纪念空间，大多试图呈现战争的可怕与残忍，以一种恐吓的方式逼使人们面对历史，希望人们因此了解和平的可贵与价值。这样的方式有如传教者不断地宣传地狱的可怕，恐吓人们信教一般，其实并不能收到真正的效果。

和平纪念空间如果只是一味地宣传战争的残酷与恐怖，经常会激起另一股的仇恨与愤怒，而这样的仇恨与愤怒并不会带来未来的和平，事实上，只会埋下更多战争的种子。

一座完美的和平纪念空间，不只是让参观者面对战争残酷的事实，也要将参观者带离仇恨的情绪，让心灵升华，学习以爱与饶恕面对未来。这话说得容易，但是在这个充满仇恨的世界，却是一件难以完成的梦想。

日本长崎的和平祈念馆以及德国柏林的和解教堂，是少数具有令人心灵升华力量的空间，其设计者已经不只是一个建筑师，事实上，他们的空间叙事能力，根本就是布道家或是传道者。

日本长崎

长崎市原爆死难者追悼和平祈念馆

国立長崎原爆死者追悼平和祈念館

水池下的祈念馆

关于纪念性空间的设计，过去多喜欢建造高大宏伟的纪念碑，生怕别人看不到或不知道；这些巨大的纪念性建筑，虽然可以吸引人们的目光，却也经常让人望而生畏，甚至造成地区性视觉景观的混乱。新形态的纪念性空间设计，则试图创造一个空间，让人进入其间安静省思，达到改变参观者心境的效果。

美国华盛顿特区的越战纪念碑，并没有立碑，反而是建造一处下倾的空间，让人走入其间，观看墙上刻印的死殁者姓名，在沉静中追念逝者；伦敦海德公园内的戴安娜王妃纪念空间，也没有高耸的纪念碑，而是以喷泉及流水环绕整个空间，形塑出一处恬淡怡人的公园角落，让人纪念王妃的美丽与慈爱。

日本长崎市是一座遭受过核爆攻击的城市，多少年来人们在长崎市原爆点附近，建立了好几座纪念馆或纪念碑，希望提醒世人核爆的恐怖与愚蠢，期盼这样的悲剧永远不要再发生。不过这些纪念碑与纪念馆形式各异，使得整个原爆点附近的空间景观，看了令人眼花缭乱，同时也影响了参观者的心情，无法真正安静心来追念与祈祷。

2003 年，在这个混乱的原爆区内，建立了一座新的纪念空间—— “长

崎市原爆死难者和平纪念馆”。日本建筑师栗生明颠覆了过去建立宏伟纪念碑、纪念馆的方式，而以一种低调、安静的手法，塑造整个和平纪念馆。他先在基地周边种植一圈树木，隔开外面喧闹混乱的景观，圆形绿篱内则是一座水池，平静的池水中有一座通往地底下的楼梯，整座和平纪念馆其实是坐落在水池底下。

参观者必须先环绕水池一圈，然后才能找到入口阶梯，在绕行水池之际，让心境逐渐安静下来。将纪念馆安置在水池底下，类似安藤忠雄所设计的水御堂建筑，不过其空间设计上，更为简洁也更富现代感。纪念馆主要祈念空间内，并没有古典的祭祀设施或牌位等，而是以两排发亮的玻璃柱，形成庄严的地下殿堂，列柱的端景，则是一座玻璃柜，柜里存放着写着所有核爆牺牲者名字的纸张。

整个和平祈念馆设计十分简单、抽象，不过却能碰触到现代人的心灵，真正让人为过去的悲剧哀悼，内心回荡不已。

---

data

长崎市原爆死难者追悼和平祈念馆

Open hours：8:30 ～ 17:30（9 月～ 4 月）；8:30 ～ 18:30（5 月～ 8 月）
休馆日：12 月 29 ～ 31 日
peace-nagasaki.go.jp

德国柏林

和解教堂

Die Kapelle der Versöhnung

“死亡带”上的小教堂

在东、西柏林交界处，位于昔日柏林围墙“死亡带”（death strip）的空地上，有一栋不起眼却很感人的小教堂，被称作“和解教堂”（英文是 Chapel of Reconciliation）。从监视瞭望塔上看下去，可以发现整个死亡带中间有一条明显的白色线条，那是昔日柏林围墙的遗迹，线条旁则是一栋素朴简单的圆弧形建筑，周遭至今仍遗留着荒废的凄凉与一丝紧张的气息。

昔日现场的确有一栋旧的教堂，不过当年因为东德部队认为教堂建筑阻碍了监视哨塔的视线，因此将教堂夷平。长久以来，荒烟蔓草与废墟围墙占据此地，成为德国人心中的痛，正如柏林围墙是心中的创伤疤痕一般。一直到柏林围墙被拆毁后，教会认为是重建教堂的好时机，希望借“和解教堂”的建立，为东、西德的和解献上感谢，也为欧洲的和解祝福。

“Reconciliation”的意思是“和解、修复”，基督教教义上讲的是“人与上帝的和解”以及“人与人之间的和解”。正如使徒保罗在圣经《以弗所书》中所提到的：“你们从前远离上帝的人，如今却在耶稣基督里，靠着他的血，已经得亲近了。因他使我们和睦，将两下合而为一，拆毁了中间隔断的墙。”

柏林围墙的拆毁，象征着人与人之间的隔阂不再，人们可以和睦相处，不再敌对斗争；正如“和解教堂”前的铜像，两个人跪着抱头痛哭，互相认罪，互相饶恕，是真正的“和解”。

教堂其实有着两道皮层，最外层是木栅栏构成的屏障，借着木栅栏，光线得以穿透隔墙，在内部形成光影变幻的景象。内层则是一道厚重的夯土墙，围塑着内部圣堂的空间，夯土墙是古老的建筑构造方式，也是最简单却实际的营造方法。在“和解教堂”的夯土墙建筑过程中，昔日的教堂废墟碎片、石头，都被混入夯土墙中，形成新教堂的一部分，那是一种纪念过去的记忆方式。旧的十字架与圣坛也被保留使用，让所有人在这座教堂中都可以思想起过去柏林围墙带来的伤害与如今和解的盼望。

进入圣堂内部，温柔光线从天窗流泻而下，夯土墙隔绝了外部的喧嚣，显得十分宁静。面对着这座简单的教堂，我的内心却充溢着复杂的情绪：有形的柏林围墙已经拆除了，盼望所有存在于人与人之间无形的墙，也可以被拆除。

和好是一门艺术，同时也是内心的修复与苏醒。在这样的空间里，人们重新省察自己的内在，与自己和好、与人和好，同时也与上天和好，让仇恨伤害的寒冬结束，疲乏的心灵重现活力，感悟的心开始能再次去爱人，为世界上许多微小的事物感恩。

data

和解教堂

Open hours：10:00 ～ 17:00

休馆日：周一

Add：Bernauer Straße 10115 Berlin

kapelle-versoehnung.de

STRABAG

图书在版编目（CIP）数据

灵魂的场所 / 李清志著. --北京：九州出版社，2017.3

ISBN 978-7-5108-5139-1

Ⅰ. ①灵… Ⅱ. ①李… Ⅲ. ①建筑设计 Ⅳ. ①TU2

中国版本图书馆CIP数据核字（2017）第059642号

灵魂的场所

作　　者　李清志　著
出版发行　九州出版社
地　　址　北京市西城区阜外大街甲35号（100037）
发行电话　（010）68992190/3/5/6
网　　址　www.jiuzhoupress.com
电子信箱　jiuzhou@jiuzhoupress.com
印　　刷　小森印刷（北京）有限公司
开　　本　700毫米×940毫米　16开
印　　张　16
字　　数　200千字
版　　次　2017年5月第1版
印　　次　2017年5月第1次印刷
书　　号　ISBN 978-7-5108-5139-1
定　　价　68.00元

Beautiful Experience